GUÍA RÁPIDA

DE

PRÁCTICA CLÍNICA

HOSPITALARIA

EN

PATOLOGÍA DIGESTIVA

Título original: Guía de Práctica Clínica Hospitalaria en Patología Digestiva

1ª edición: Junio 2007

© 2007 Fernando Manuel Jiménez Macías
© Ediciones Lulu.com

Printed in Spain
ISBN: 978-1-4303-2513-0

GUÍA RÁPIDA

DE

PRÁCTICA CLÍNICA

HOSPITALARIA

EN

PATOLOGÍA DIGESTIVA

Fernando M. Jiménez Macías
Médico adjunto de Aparato Digestivo
Hospital Juan Ramón Jiménez
(Huelva)

Junio 2007

PRÓLOGO

Esta guía supuso para el autor un gran reto pues significaba englobar en este manual todos aquellos conocimientos etiológicos, diagnósticos y terapéuticos de las patologías más prevalentes que se dan en Digestivo, desde un punto de vista práctico y breve, enfocado a la práctica clínica diaria que tiene que conocer un Digestivo.

No es una obra dedicada exclusivamente a especialista de Aparato Digestivo, sino que además puede ser de enorme interés para otros facultativos especialistas como los médicos internistas, urgenciólogos, médicos residentes de puerta de urgencias, de forma que el abanico de utilidad que puede ofrecer es amplio y generoso.

Intentaremos realizar un enfoque que intentando que se base en la medicina basada en la evidencia contenga también esa capacidad de síntesis para que el autor pueda en un momento dado de duda diagnostica o terapéutica consultar esta guía, orientándole en aquellos detalles que con la práctica diaria se olvidan y es cuando te acuerdas de que necesitarías una guía como ésta.

FERNANDO M. JIMÉNEZ MACÍAS

ÍNDICE

ESÓFAGO

PATOLOGÍA INTESTINAL

PATOLOGÍA BILIO-PANCREÁTICA

INTRODUCCIÓN

El objetivo fundamental perseguido en este manual es que se cumplan los siguientes criterios:

> ➢ Sencillez: sea de fácil entendimiento.

> ➢ Breve: en pocas palabras hacer entender al lector que aspectos destacamos de cada apartado.

> ➢ Bien estructurado: sea fácil de consultar cada aspecto en pocos minutos.

> ➢ De bolsillo: es un manual para llevarlo en la bata o pijama del médico que está de guardia, en planta, urgencias o UCI.

> ➢ Complementaria: no pretende ser la guía ideal abreviada, pero sí un complemento para tu vida clínica diaria.

Seguiremos generalmente en cada capítulo el siguiente esquema:

> ➢ Definición: definir el problema médico y etiologías más frecuentes.

> ➢ Clasificaciones aceptadas.

> ➢ Situaciones posibles: diagnostico y tratamiento.

> ➢ Tratamiento y medidas preventivas

> ➢ Criterios de alta, ingreso o traslado a hospital de referencia.

CAPÍTULO 1

ENDOSCOPIA ORAL Y COLONOSCOPIA. TÉCNICAS TERAPEÚTICAS DE URGENCIAS Y PROGRAMADAS.

Fernando M. Jiménez Macías

Objetivos y definiciones

Endoscopia oral: prueba endoscópica que valora el tracto digestivo superior, hasta el ángulo de Treitz, que cuenta con monitor de imágenes, fuente de luz con capacidad de aspiración, lavado e insuflación y fibroendoscopio propiamente dicho.

La colonoscopia es un prueba endoscópica que sirve para el estudio y tratamiento de la patología del tracto digestivo bajo (colon e ileon distal). El paciente tiene que estar preparado con una dieta liquida sin residuos durante 48 horas (natillas, agua, zumos, caldo, yogurt, etc.) y el día previo con solución evacuante (envases de 4 o 16 sobres), que el paciente tendrá que tomar agua abundante, generalmente 3-4 litros o Fosfosoda (2 envases a tomar uno en almuerzo y otro por la noche el día antes de la prueba, con un enema de limpieza 1-2 horas antes de la prueba. En enfermos renales o en diálisis o se preparan con enemas o se le daría una cuarta parte de la dosis de preparación evacuante con abundantes enemas, pero siempre el paciente consultará con Nefrólogo para la preparación.

El endoscopio dispone de un canal de trabajo, por el cual se pueden introducir pinzas de biopsias, asa de polipectomia para extracción de cuerpos extraños, agujas de esclerosis para tratamientos de hemorragia digestiva alta.

Requisitos para la endoscopia:

1. Consentimiento informado ya firmado por paciente o tutor legar.

2. Si es una ingesta de droga. Será preciso que la endoscopia sea presenciada por los agentes de la autoridad, quienes contabilizarán las bolas de droga extraídas. Si el paciente no quisiera firmar el consentimiento, tendrían que avisar al Juez de guardia para que autoricen la exploración.

3. Endoscopia potencialmente terapéutica: revisión pólipos, dilatación, CPRE con posible esfinterotomía (colangiografia retrógrada endoscópica), etc.: necesidad de suspender antiagregantes o antiinflamatorios al menos 5 días antes de la prueba. Si está anticoagulado, se sustituirá el Sintrom por

11

heparina de bajo peso molecular (HBPM), la cual se suspenderá 12 horas antes de la exploración terapéutica y no se reiniciará ésta hasta trascurridas 24 horas de la terapéutica endoscópica.

4. Profilaxis antibiótica de endocarditis si valvulopatía cardiaca conocida: aplicar 30 minutos antes de la exploración 2 gramos de Ampicilina intravenosa o intramuscular + 1,5 mg/Kg. hasta un máximo de 120 mg), seguidos de Amoxicilina 1 gramo oral o Ampicilina 1 gramo intravenoso o intramuscular 6 horas más tarde.

En alérgicos a penicilina: Vancomicina 1 gramo iv. 1-2 horas antes + Gentamicina a la misma dosis. Seguida de pauta también anterior. Otra pauta es Clindamicina 600 mg oral 1 hora antes de exploración o Azitromicina 500 mg oral 1 hora antes. Si no es posible dar la clindamicina oral (Clindamicina 600 mg iv. 30 minutos antes exploración.

Indicación de endoscopia oral urgente (24 horas primeras)

➢ Hemorragia digestiva alta variceal o de otra causa.

➢ Impactación alimenticia.

➢ Ingesta de caústico, sobre todo cuando hay repercusión sistémica o paciente sintomático (dolor intenso o trastornos metabólicos tales como acidosis metabólica, insuficiencia renal, ingreso en UCI).

➢ Endoscopia intraoperatoria: cuando se solicita para localizar lesiones intestinales intraluminales a resecar no halladas o hemorragia digestiva de origen desconocido.

Indicación de colonoscopia urgente

Excepcionalmente se realizará en situaciones de hemorragias digestivas bajas (rectorragias) cataclísmicas o muy severas con inestabilidad hemodinámica, en pacientes con endoscopia oral previa sin lesión potencialmente sangrante, preparándose en menos de 2-4 horas con abundantes enemas. En estos casos, Cirugía tiene que conocer el caso, de forma que si resulta positiva la exploración para una lesión sangrante en colon proceda a la cirugía de urgencias. Si se dispone de radiología intervencionista al día siguiente, se podría embolizar el vaso sangrante si estuviese indicado.

Otra posibilidad es la desvolvulación de sigma, si el radiólogo de guardia no puede realizarla mediante enema opaco con contraste baritado o gastrografín, si existe alto riesgo de perforación.

Pasos a seguir en endoscopia oral urgente

1. Preguntar antes si alergias: Sedación del paciente con Midazolam 3-4 mg iv. con/sin Dolantina 25 mg iv. Si no es un sangrante se puede dar anestésico tópico.

2. Retirar prótesis dentaria móviles.

3. Preguntar si valvulopatía previa, cardiopatia coronaria (contraindicada si infarto agudo miocardio o angina inestable en menos de 1 mes), patología pulmonar (necesidad de gafas nasales para oxigenoterapia, que se colocará antes de exploración o cuando saturación O2 es inferior a 92 %). Enfermo renal: reducir la dosis a ¼ o ½ dosis dependiendo de nivel de creatinina. Si es cardiópata coronario, nivel de hemoglobina previo a la exploración debe ser superior a 8 gramos/decílitro; en caso contrario, indicar transfusión antes de exploración.

4. Reservar sangre y hacer la endoscopia oral con sangre en los siguientes supuestos y con un buen acceso venoso (dos vías periféricas, drum o vía central): inestabilidad hemodinámica (frecuencia cardiaca mayor de 100 latidos por minutos, tensión arterial sistólica en alguna ocasión menor de 80, anemización severa (caída de más de 3 puntos de la hemoglobina basal)

5. Adiestrar brevemente al enfermero que te ayude en la endoscopia oral en la terapeútica endoscópica: como aplicar la inyección de esclerosis, indicar dosis empleada para esclerosis de ulceras sangrantes (adrenalina al 1:10000, es decir, jeringa de 10 cc, que contendrá 1 cc. de adrenalina + 9 cc. de suero fisiológico; esclerosante: 4 cc de Toxiesclerol al 1% (jeringa con 2 cc de toxiesclerol puro + 2 cc de suero fisiológico) o bien jeringa cargada con 2 cc de Toxiesclerol puro sin diluir. Para

tratamiento de varices esofágicas: preparar una jeringa de 20 cc con 2 ampollas puras de Oleato de Etanolamina al 5 %. Se colocará en el inyector de esclerosis en la zona indicada y se purgará.

6. Colocación del paciente en decúbito lateral izquierdo con abrebocas.

7. Procedimiento: Se entrará despacio por la boca de Killiam, esófago, cardias (estenosis cardial, varices esofágicas, esofagitis), estómago (deslizar por curvadura menor hacia antro), valorar antro gástrico e incisura angularis, pasar por píloro, ver duodeno (todas sus caras, en especial la cara posterior, generalmente situada en el monitor a tu derecha, pues puede pasarse desapercibida una úlcera a este nivel, pasar a segunda porción duodenal. Si precisas localizar una posible lesión ulcerada en duodeno (en especial ápice bulbar), te recomiendo que administres al paciente una ampolla de buscapina iv. para valorar esta zona bien y dispones de 3-4 minutos para hacerlo; después sales de duodeno y haces la reprovisión para descartar ulceras o varices fúndicas. Si ves coágulos adheridos es recomendable lavar con suero fisiológico para intentar valorar la lesión subyacente. Sé muy paciente pues es lo más importante. Aspira el contenido líquido que haya en curvadura mayor todo lo que puedas, intentando que no se te vaya a obstruir el canal de aspiración si no estarás perdido. Si te ocurriera aplica una jeringa de agua o fisiológico de 50 cc por el canal de trabajo para limpiar la imagen endoscópica y desobstruir el canal de aspirado.

Si ves que hay ulcera peptica sangrante aplica el tratamiento correspondiente y si son varices esofágicas aplica el tratamiento endoscópico correspondiente. Si son varices gástricas no tiene sentido el tratamiento esclerosante endoscópico urgente sobre ellas por ser ineficaz en la mayoría de las veces. Si además de las varices gástricas tiene varices esofágicas grandes esclerosadas y coloca un balón de Linchton o Sengtacken fijado sin hinchar si hay buena hemostasia tras el tratamiento endoscópico realizado o hinchado el gástrico si no fue eficaz.

8.¿Cómo se hincha el Sengtacken o el Linton?

La sonda de Sengtacken tiene 2 globos, uno alargado en la parte superior (esofágico) y otro más distal que es más redondo (gástrico). Generalmente hinchamos el distal o gástrico. Con el paciente en decúbito lateral izquierdo se inserta la sonda por el riesgo de aspiración. Una vez que se piense que está en estómago, aspiraremos con una jeringa de 50 cc. para valorar si existe sangre o contenido líquido. Si sale indicará que estamos en estómago.

A continuación procederemos a introducir con una jeringa de 50 cc a través de la zona que tiene habilitada para estómago (denominada stomach) un total de 200 cc (4 jeringas seguidas de 50 cc con agua). Una vez realizado retiraremos la sonda hasta encontrar resistencia del balón gástrico hinchado a nivel de la zona infracardial.

Realizado esto, aplicando una ligera tracción, fijaremos la sonda al ala de la nariz con cinta adhesiva. Si el resultado de la endoscopia no ha sido satisfactorio para el endoscopista, no se ha conseguido una buena hemostasia, se puede proceder al hinchado del balón esofágico con aire, no con agua, pues si se rompiera podría hacer el paciente una aspiración. Lo recomendable es meter aire hasta alcanzar una presión de llenado de 50-60 mm de mercurio. Si no se dispone de esfigmomanómetro para medir la presión del balón esofágico se puede introducir 150 cc de aire Se puede traccionar la sonda con un peso de 500 g o 1 Kg. (1-2 botes de sueros de 500 cc), usando un sistema de polea o la barra situada a los pies de la cama del paciente, dejándolo hinchado 12 horas.

Si tenemos varices gástricas y un balón de Linton-Nachlas: tras introducir la sonda hincharemos el balón con un total de 600 ml de aire.

Es conveniente hacer lavados gástricos con suero fisiológico horario con 50 cc y aspirar para valorar si el contenido gástrico es hemático de sangre roja fresca o coagulada. Si ya es de color más oscuro indica que está siendo eficaz el taponamiento.

Pasos a seguir en la colonoscopia

1. Nos aseguraremos que tiene el consentimiento informado firmado.

2. Realizaremos inspección anal y tacto rectal.

3. Introduciremos el endoscopio con cuidado viendo con buena insuflación la ampolla rectal.

4. La zona de sigma tendrá que ser evaluada de forma cuidadosa, intentando de insuflar lo mínimo posible, tomando las angulaciones lo mejor posible con giro del tubo endoscopio con la mano derecha hacia la zona donde se dirija la angulación anatómica y ayudándote con los mandos (mano izquierda), empleando habitualmente el dedo pulgar e índice.

5. Una vez pasada angulaciones marcadas es recomendable retroceder en lo posible varios centímetros con el endoscopio para intentar de rectificarlo en lo posible y mirar si el resto de tubo del endoscopio que está fuera del intestino está derecho y no girado sobre sí mismo. En ese caso retrodecer y rectificarlo para que vaya lo más derecho posible, en especial cuando el paciente ya empiece a molestarle la exploración. Tener especial cuidado cuando se trate de un sigma con angulaciones marcadas y divertículos, así como es importante avanzar despacio en la zona de sigma cuando el paciente haya tenido antecedentes quirúrgicos previos (histerectomía, laparotomías, etc.), pues la fijación del meso será más marcada que habitualmente y la umbral de tolerancia del paciente será menor de lo normal. También es importante que paciente que toma medicación antidepresiva o ansiolítica, toleren peor la exploración pese a aumentar la dosis de premedicación.

6. Pasar ángulo esplénico, después transverso (morfología de haustras triangular, habitualmente. El ángulo hepático suele presentar una zona de sombra oscura que generalmente cuesta pasar. Es importante llegar aquí con el tubo lo más rectificado y menos bucleado posible, pues si no es así probablemente no podamos llegar a ciego en buenas condiciones para realizar un posible terapéutica.

7. Cuando llegues a ciego, intenta de aspirar la totalidad de su contenido, pues pueden asentar lesiones no vista.

8. Si tienes que realizar ileoscopia: tiene que tener un buen acceso a ciego. Valora el cambio postural para ayudarte a intubar la válvula ileocecal.

9. Cuando estés en una angulación marcada tienes 3 opciones: sacar endoscopio para intentar rectificarlo y volver a entrar para ver si tienes más suerte, cambiar al paciente de decúbito lateral izquierdo a boca arriba y viceversa, usar la presión en la pared abdominal del paciente para comprimir los bucles (a esto te ayudará el auxiliar).

10. Cuando hayamos llegado a ciego retiraremos el endoscopio cuidadosamente viendo bien los cuatro cuadrantes de la luz colónica.

TERAPEÚTICA ENDOSCOPIA ALTA

Esclerosis de varices esofágicas:

1. Si conocemos que el paciente es un cirrótico con varices esofágicas, de forma empírica antes de realizar la endoscopia oral se le pondrá al paciente un bolo de 250 microgramos de somatostatina seguido de una perfusión de la misma a dosis de 250 microgramos /hora, es decir, 3 mg/12 horas de somatostatina en bomba de perfusión. En casos severos, se puede duplicar la dosis a 6 mg/12 horas.

2. La endoscopia oral estará contraindicada si el paciente presenta encefalopatía hepática, por riesgo de aspiración. En este caso se recomienda colocar empíricamente el Sengtacken hinchado y tras poner tratamiento con enemas de Duphalac y duphalac oral cada 8 horas por la sonda valorar intento de endoscopia cuando haya mejorado el paciente. En caso de encefalopatía hepática grado IV con hemorragia severa, el riesgo de aspiración es muy alto y se podría intubar realizando a continuación la endoscopia si está estable hemodinamicamente.

Si no disponemos de Somatostatina, podemos emplear Terlipresina a dosis de 2 mg cada 4 horas durante 2 días y posteriormente durante 5 días más a dosis de 1 mg cada 4 horas en perfusión continua.

3. El esclerosante a usar como ya comentamos: Oleato de Etanolamina al 5 %.

4. Emplearemos aguja de esclerosis.

5. Jeringa de 50 cc para lavados o hinchar el balón de Sengtacken.

6. Varios salvanindas para colocarlo uno en la cabecera del enfermo y otro a nuestros pies.

7. Bata verde con guantes.

8. Conectar el endoscopio a una fuente de aspiración.

9. Comprobar antes que llegue el endoscopista que el endoscopio aspira e insufla perfectamente.

10. Hacer el blanco al endoscopio: acondiciona la visión del endoscopio a una visión dentro de una tubería.

11. Recomendable contar con un auxiliar que ayude a agarrar al enfermo, sobre todo cuando la colaboración del paciente es dudosa o se encuentra con cierto grado de deprivación enólica o no tiene suficiente nivel de concienciación con la situación de riesgo vital que supone una hemorragia digestiva de este tipo.

12. Una vez en cardias: aspirar bien, contabilizar el número de cordones, cúal ha podido ser el responsable mayor del sangrado y tenerlo localizado, insuflar bien para ver. Ver si hay puntos rojos en las varices o punto de fibrina o coagulo adherido. Si éste se localiza intentar inyectar esclerosante por debajo de él, nunca sobre éste o en este mismo punto. Deben esclerosarse todos los cordones varicosos. Para su aplicación gira el endoscopio con cambios posicionales del endoscopio y del tubo y ayudándote también con los mandos de giro del endoscopio.

13. Necesario siempre valorar la zona infracardial por si hay varices gástricas asociadas y valorar al finalizar la endoscopia

terapéutica si precisa salir el paciente de la sala de endoscopio con el Sengtacken colocado aunque no hinchado necesariamente.

14. Si el paciente presenta hemorragia digestiva variceal gástrica o esofágica de mal control con la terapéutica endoscópica, deberemos de colocar el balón de Sengtacken, duplicar la dosis de somiaton y derivar a Unidad de Sangrantes de referencia o Unidad de Cuidados Intensivos del hospital para un mejor control y monitorización. En ese caso si el paciente está incluido en programa de trasplante hepática y/o no presenta encefalopatía hepática puede ser candidato a TIPS (derivación porto-sistémica percutánea intrahepática). Otra posibilidad es la quirúrgica de urgencia, que es recomendable realizar en un centro experimentado si el paciente tiene buena función hepática (Child-Pugh A o B).

15. Hemostasia: necesidad de corregir el TP en lo posible. Para ellos podemos emplear Konakion o vitamina K diaria y si no se corrige o no se espera que se corrija, transfundir plasma.

16. Es imprescindible realizar esta endoscopia terapéutica con el paciente monitorizado y con sangre reservada.

17. Es conveniente informar a la familia del riesgo potencial del paciente.

Esclerosis de ulcera sangrante:

1. No emplear anestésico tópico.

2. Premedicar al paciente con Midazolam 2-3 mg iv.

3. Colocar abrebocas y en decúbito lateral izquierdo.

4. Comprobar que el endoscopio aspira, insufla y lava bien la lente.

5. Jeringa de lavado de 50 cc.

6. Tener cargada la adrenalina al 1:10000 (jeringa de 10 cc con 9 cc. de suero fisiológico y 1 cc de adrenalina), que está contraindicada en cardiópata isquémicos. Se aplicará esta primero y después el esclerosante (Toxiesclerol al 1-

2%): 2 cc de suero fisiológico + 2 cc de Toxiesclerol al 2%.

7. Introducir el endoscopio a través de boca de Killiam, esófago. En estómago insuflar bien y aspirar el contenido líquido si es que existe en estómago. Deslizarnos posteriormente a lo largo de la curvadura menor hasta llegar a antro e incisura angularis. Si hay algún coagulo lavar con agua. Pasar píloro y ver bien bulbo con todas sus caras. Hay que valorar cuidadosamente la zona post-apical ante el riesgo de pasar desapercibida lesiones ulcerosas.

8. Una vez localizada la úlcera, introducir aguja de esclerosis por canal de trabajo del endoscopio e indicar al enfermero que saque la aguja cuando esté focalizada. Aplicar el tratamiento primero con adrenalina (1-3 cc es suficiente) y posteriormente toxiesclerol (con un par de cc. suele dar buen resultado).

9. Si hubiera algún coagulo adherido lavarlo para ver si deja expuesta la lesión.

Impactación alimenticia

1. Firme el consentimiento informado.

2. Antes de avisar al endoscopista, si el bolo no contiene hueso, espina o algo cortante, se puede administrar intravenosa una Buscapina iv. asociada a 1 ampolla de Diazepam iv. Esperar 15 minutos y probar si el paciente ha resuelto la clínica a darle un pequeño sorbo de agua.

3. Si se hubiera resuelto con tratamiento conservador no avisar a endoscopista y dar de alta con tratamiento líquido, remitiéndole a la consulta de Digestivo preferente o a la consulta rápida de digestivo (Chare) si es que existe.

4. Disponer de pinza de biopsia.

5. Disponer de asa de polipectomia.

6. Disponer de cesta de Dormia.

7. Disponer de pinza de cocodrilo.

8. Introducir el endoscopio hasta donde se encuentre el bolo alimenticio: describir consistencia, color, aspecto, riesgo de perforación, si se desprende hacia abajo con ligera presión con la punta del endoscopio.

9. Si se deslizara fácilmente valorar siempre que no sospechéis que existe estenosis cardial, que caiga hacia estómago. En impactaciones cardiales se recomienda que no optéis por esta opción salvo que sea muy claro que va a caer a estómago por el riesgo de impactar el bolo aún más. Es preferible entonces, usar el asa de polipectomia o la cesta de Dormia. Introducir con el asa abierta el margen distal por uno de los lados del bolo, en el espacio virtual existente entre él y la pared esofágica, llevando el otro extremo proximal de asa abierta hacia el otro lado. Hecho esto intentareis de agarrar en la mayor área posible el bolo, cerrando el asa entonces. Si la habéis agarrado bien, con la mano izquierda si sois diestro agarrar bien el catéter del asa que sale por el canal de trabajo mientras tenéis agarrado con esa misma mano el endoscopio. Comenzar a sacar lentamente el endoscopio con la mano derecha si sois diestro, de forma que llegareis a la supuesta zona de boca de Killiam, donde notareis una cierta resistencia. Continuar sacando hasta que veáis que por la boca sale ya el bolo alimenticio.

10. Es fundamental comprobar una vez sacado que no quedan más restos de bolo en esófago. Si los hubiera volver a sacarlos.

Dilatación de estenosis cardiales benignas y malignas. Prótesis esofágicas.

Se puede realizar de varias maneras: con balón hidroneumático, dilatación con Savary, así como Eder-Puestow.

No se recomienda no superar más de 3 tamaños sucesivos de dilatadores en una misma sesión, con incrementos de 3 French (1 mm). El paciente suele quedar asintomático cuando conseguimos un diámetro de la luz de 15 mm.

Dilatación con olivas de Eder-Puestow y dilatación con bujías de Savary:

- Hacer endoscopia oral diagnostica convencional para localizar estenosis. Colocar el hilo-guía hasta estómago, cuyo extremo distal se situará en segmento distal de estómago.

- Si distal a la estenosis logramos ver podremos realizar la dilatación en la sala de endoscopia convencional. Si no es así, se empleará control fluoroscópico.

- Lubricar el extremo distal del dilatador.

- Pasarlo cuidadosamente por la boca Killiam, indicándole que trague el paciente.

- Pasado se notará resistencia en la zona de estenosis.

- Tiene la desventaja que no dilatación con visión directa, sino con control fluoroscópica como ayuda en muchos casos.

Dilatación con balón hidroneumático.

- Hay balones con necesidad de hilo-guía y sin necesidad de él.

- Si precisa hilo-guía haremos la endoscopia diagnostica para colocarlo. Si no es preciso se introducirá el balón desinflado por el canal de trabajo del endoscopio.

- Una vez pasada la estenosis con el balón desinflado, se procede a la retirada gradual de forma que el centro del balón quede en la zona más estenótica y se procede a hincharlo de acuerdo a las PSI o atmósfera que indique el fabricante del balón con una pistola que permite llegar al nivel optimo.

- Generalmente se comienza por el balón de menor diámetro o con el inmediatamente de diámetro superior al que empleamos en la última sesión. Se suele mantener inflado unos 2 minutos.

Dilatación de achalasia

- Utilizamos el dilatador neumático tipo Rigiflex.

- Es preciso una estudio esófago-gastroduodenal baritado, endoscopia oral diagnostica previa y una manometria esofágica que justifican la terapeútica endoscópica.

- Colocamos un hilo-guía a través del canal de trabajo.

- Una vez colocado el balón a nivel de cardias, se inflará 200 mm de mercurio, manteniéndose durante 1 minuto hinchado. Posteriormente lo desinflamos y dejamos 1 minuto desinflado. Esta operación se repetirá en 2 ocasiones más, pero en estas con 300 mm de mercurio.

- Eficacia terapeútica: desgarro cardial.

Dilatación y colocación de tumores esofágicos malignos:

Es posible realizarla empleando 3 técnicas dilatadoras: balones (Rigliflex), olivas metálicas (Eder-Puestow), o bujías de polivinilo (Savary). Una vez dilatado se puede colocar una prótesis esofágica (Wallstent)) si la supervivencia esperada es superior a 3 meses.

La dilatación mejora la disfagia durante unas 2 semanas. Una vez realizada esta lo recomendable es colocar una prótesis metálica autoexpandible (Wallstent o Ultraflex).

Para ello se coloca el hilo-guía, una vez superada con este la estenosis. Se dilata con balón hinchable o bujía de Savary.

Se coloca la prótesis de forma que tanto su extremo proximal y distal excedan al menos 2 cm. los límites superior e inferior del tumor, retirándose en ese momento la funda de la prótesis, que se expandirá espontáneamente.

La prótesis autoexpandible deberá ser encubierta en caso de sospecha de fístula esófago-bronquial o traqueo-esofágica.

Polipectomia endoscópica:

Se realiza para resecar pólipos del tracto digestivo. Se emplean dos herramientas terapeúticas:

1. Pinza caliente de Williams o de diatermia: empleada para pólipos menores de 1 cm. Se introduce la pinza por el canal de trabajo del endoscopio. Se abre y se coge el pólipo. Se da una descarga de varios segundos con la fuente de diatermia, generalmente pedal de la derecha (azul), que coincide habitualmente con coagulación. Se notará que el pólipo se pone blanquecino, por lo que procederemos a la tracción del mismo y recogida para estudio de AP en envase de formol al efecto.

2. Asa de polipectomia: empleada para pólipos semipediculados o pediculados. Debe introducirse el asa por el canal de trabajo del endoscopio, igual que lo hacemos para la pinza de diatermia. Le indicamos al enfermero que la abra parcial o totalmente. Se enlaza el pólipo agarrándolo por el extremo superior, no basal del pólipo. Daremos una descarga con el pedal de la derecha (azul de coagulación) durante 3-4 segundos, tiempo proporcional al grosor del pediculo, indicándole al enfermero que cierre el asa de forma progresiva cuando estemos en la mitad de la descarga de diatermia. Para pedículos muy gruesos se puede intercalar con aplicación del pedal amarillo de la izquierda de corte con las descargas de coagulación (pedal derecho), pero habitualmente no es necesario.

3. El paciente deberá haber suspendido el Plavix o Iscover al menos 7 días antes de la prueba terapéutica.

4. Los antiagregantes o antiinflamatorios se suspenderán si es posible 5 días antes de la prueba.

5. No hay problema para realizar una polipectomia con paracetamol, tramadol o hemovas, etc.

6. Se deberá hacer profilaxis antibiótica de endocarditis si estuviese indicado.

7. Cuando se trata de pólipos sesiles de base superior a 1,5 cm., lo recomendable es elevarlos previamente inyectándoles en su base 1-1.5 cc de suero fisiológico, en especial en ciego, donde la pared colónica es más delgada.

Una vez elevado se puede resecar con asa de polipectomia sin problemas.

8. Cuando el paciente haya estado sometido recientemente a tratamiento con heparinas de bajo peso molecular en sustitución del Sintrom, así como en pólipos colónicos con un pediculo muy grueso, lo recomendable es aplicar una polipectomia asistida, consistente en inyectar en su pedículo adrenalina al 1:10000 1-3 cc, observándose que su pedículo se pone más blanquecino. A continuación podremos resecarlo con asa de polipectomia con más seguridad de que no sangre. Otros autores prefieren el empleo del endoloop.

CAPÍTULO 2

ECOGRAFÍA ABDOMINAL DIAGNOSTICA Y TERAPEÚTICA BÁSICA

Fernando M. Jiménez Macías

Definición

La ecografía abdominal es una técnica diagnostica muy útil en digestivo pues permite realizar un screening diagnostico muy eficiente en los pacientes. para estudio digestivo.

Objetivo

Con ella se puede valorar la patología bilio-pancreática, antro gástrico, grandes vasos intrabdominales, hígado, vena porta y vasos mesentéricos, estudio de lesiones ocupantes de espacio hepáticas, bazo, riñones, sistemas renal y excretor, vejiga, asas intestinales, páncreas, vías biliares y vesícula.

Procedimiento

Los cortes que se deben realizar son los que se describen en el siguiente orden:
Una vez echada el líquido transductor sobre el abdomen del paciente y habiendo colocado al paciente en decúbito supino sobre la camilla de exploración, realizaremos los siguientes estudios:

1. Corte transversal en epigastrio: este permite valorar la totalidad de páncreas, con su eje espleno-portal, arteria mesentérica superior, Wirsung, si existe líquido peripancreático, antro gástrico, aorta y cava, columna vertebral abdominal.
2. Corte longitudinal o coronal en epigastrio: se ve cuerpo pancreático, vena mesentérica superior, aorta.
3. Corte longitudinal en mesogastrio: valorar el diámetro de la aorta abdominal para descartar arterosclerosis de la misma o aneurisma. Valora también asas de delgado. A nivel umbilical si existe recanalización de la vena umbilical en pacientes cirróticos.
4. Corte transversal en hipocondrio derecho: valora hígado, indicándole al paciente que realice una máxima

insuflación mantenida. De esta forma veremos la mayor parte de hígado y descartar así lesiones ocupantes de espacio hepáticas. Valoraremos venas suprahepáticas, que si están dilatadas, habrá que hablar de posible hígado de estasis, propio de insuficiencia cardiaca derecha o miocardiopatía dilatada. Vesícula: la existencia de imágenes hiperecogénicas (más brillantes) que dejan en la parte inferior de la pantalla un sombra sónica (no transmite el sonido) permitirá valorar la presencia de colelitiasis. También permite valorar la existencia de hipertrofia de lóbulo caudado.

5. Corte vía intercostal derecha: valora muy bien el lóbulo hepático derecho, sobre todo cuando hay mala ventana. Permite valorar la vesícula desde otro enfoque. Riñón derecho en su corte transversal. Vena porta derecha y vena cava.

6. Corte longitudinal en hipocondrio derecho parte media: valorar en decúbito supino las vías biliares, vesícula y permeabilidad de vena porta. Es fundamental deslizarla de una parte a otra del hipocondrio derecho en proyección longitudinal para descartar lesiones ocupantes de espacio.

7. Antes de poner al paciente en decúbito lateral izquierdo, valoraremos el riñón derecho con el transductor en fosa renal derecha y vacio abdominal derecho, tanto en cortes longitudinal como transversal. Valoraremos el tamaño, la diferenciación cortico-medular, si el calibre del sistema excretor es normal, así como lesiones ocupantes de espacio, quistes o nefrolitiasis.

8. Corte longitudinal de hipocondrio derecho con el paciente en decúbito lateral izquierdo: valorar finamente la presencia de dilatación de vías biliares extrahepática o colédoco, valorar permeabilidad y calibre de vena porta, valorar colédoco intrapancreático.

9. Corte intercostal e hipocondrio izquierdo oblicuo: para valorar bazo y riñón izquierdo, con balanceo sobre el plano de la piel del transductor.

10. Corte transversal en hipogastrio: en el hombre valoraremos la vejiga si tiene lesiones parietales (pólipos)

siempre y cuando esté llena, próstata (diámetro superior no mayor de 3x 4 cm.). En la mujer estudiaremos además de la vejiga, si existen lesiones quísticas ováricas o nódulos uterinos. Liquido libre en fondo de saco de Douglas.

11. Corte longitudinal en hipogastrio: vejiga, útero, próstata.
12. Recorrido de todo el marco cólico: para buscar imágenes de pseudorriñón en todo el recorrido colónico. Su presencia habría que descartar neoplasias colónicas, en especial cuando aparecen en fosa iliaca izquierda, a descartar neoplasia de sigma.

Punción-aspirativa con aguja fina:

1. Una vez se localiza con la ecografía convencional una lesión ocupante de espacio, debemos realizar una punción aspirativa con aguja fina con control ecográfico.
2. Está contraindicada: si el TP está alargado 1,5 veces el control o tiene un TP igual o inferior al 50%. En ese caso: pondremos un par de ampollas intravenosas de vitamina K o Konakion diarias para ver evolución. Si no disponemos de tiempo para ver evolución con la administración de vitamina K o no responde bien, podremos transfundir plasma a dosis de 10 ml/Kg. de peso.
3. Está contraindicada si la plaquetopenia es inferior a 50000. En ese caso podremos transfundir plaquetas dos horas antes de la prueba invasiva a dosis de 1 unidad por 10 Kg. de peso.
4. Utilizaremos una aguja de punción lumbar de 22-20 G. Se introducirá con control ecográfico, previa desinfección de la pared abdominal con povidona yodada y empleo de guantes asépticos.
5. Una vez la aguja se encuentre dentro de la lesión se quitará el mandril que lleva y se conectará a una jeringa de 5 o 10 cc, ejerciéndose presión negativa para aspirar. Si se extrae material hemático, movilizaremos la aguja sin aspirar y se intentará nuevo aspirado.

6. Se aplicará sobre un porta el contenido celular aspirado y se fijará con un spray de fijación de células para estudio citológico y se guardarán para envío para estudio AP. Hay hospitales donde el patólogo acude con su microscopio para informar si la PAFF ha obtenido material celular suficiente, y así decidir si es precisa una nueva PAAF o es suficiente con la tomada.

7. También además de lesiones ocupantes de espacio hepáticas, se puede obtener de LOEs pancreáticas, abscesos intrabdominales en pacientes con enfermedad de Crohn o abscesos hepáticos.

CAPÍTULO 3

Otras pruebas diagnósticas
y
terapeúticas

empleadas en Digestivo

Fernando M. Jiménez Macías

Otras técnicas diagnosticas en Aparato Digestivo

Los especialistas en Aparato Digestivo disponen de otras técnicas diagnosticas que ellos también realizan, además de la endoscopia oral, colonoscopia y ecografía intrabdominal.

Son las siguientes:

1. Manometria esofágica.
2. Ph-metría esofágica.
3. Ecoendoescopia diagnostica y terapeútica.
4. CPRE y esfinterotomía endoscópica: colangio-pancretografia retrógrada endoscópica.
5. Biopsia hepática percutánea.

La manometria

Es una técnica empleada para estudio de los trastornos motores esofágicos, dolor torácico atípico, estudio previo de motilidad esofágica para cirugía de reflujo esófago-gástrico.

Consiste en la introducción mediante una sonda muy fina previamente lubricada por la nariz, la cual está marcada con marcas, cada una de las cuales es 1 cm. Se va introducir progresivamente ésta por la nariz hasta llegar a estómago, una vez el manómetro se haya calibrado.

Posteriormente se empieza a retirar la sonda centímetro a centímetro y se debe buscar los siguientes aspectos:
1. Delimitar el límite superior e inferior del esfínter esofágico inferior, así como el punto de inflexión respiratoria. Como la sonda dispone de 4 puntos sensores de presión que se disponen longitudinalmente a lo largo de la sonda en distintas alturas, podremos saber la longitud, asimetría o simetría del esfínter esofágico inferior y sobre todo calcular una media de su tono o

presión, para valorar si es hipotónico, normotónico o hipertónico.

2. Posteriormente valoraremos la motilidad a nivel del cuerpo esofágico. En especial si hay ondas contráctiles peristálticas o no. O si existen si lo son todas. También es importante valorar la amplitud para diagnosticar los peristalsis esofágica sintomática o espasmo esofágico difuso.

3. Finalmente habrá que valorar la presión y si tiene capacidad de relajación el esfínter esofágico superior o músculo cricofaringeo.

La pH-metría esofágica

Es una técnica muy útil cuando los paciente tienen clínica de reflujo esófago-gástrico y presentan endoscopia oral sin signos de esofagitis peptica. También es útil para valorar después de haber comprobado que tiene una buena peristalsis esofágica con la manometria, que tiene un reflujo patológico, y va a ser intervenido quirúrgicamente.

También es útil para comprobar que con una determinada pauta de inhibidores de la bomba de protones, se demuestra su eficacia, confirmando que no existe reflujo esófago-gástrico patológico.

Consiste en calibrar el electrodo a pH neutro y pH ácido estándar. Se realizará una vez que el paciente ha sido sometido a una manometria esofágica previa, sabiendo a que nivel se encuentra el esfínter esofágico inferior.
Una vez calibrados, se introduce la sonda por la nariz y se introduce hasta 2 cm. por encima de donde registramos el nivel superior del esfínter esofágico inferior, siendo un nivel al cual la incidencia de reflujo es más evidente.

Una vez llegado ahí se fijará la sonda con adhesivo al ala de la nariz del paciente y se le colocará en el costado derecho el electrodo de control, así como se le colocará el dispositivo registrador del pH esofágico en su cintura. Se le indica al paciente que apunte en una hoja de registro que se le da los momentos en que sienta reflujo sintomático (pirosis) y apunte en él la hora y que es lo que estaba haciendo. También apuntará en el papel la hora cuando come o se tiende y no debe tomar omeprazol, salvo cuando lo que se desee controlar si la medicación que toma es eficaz.

La ecoendoscopia

Es un endoscopio que tiene en su punta un transductor ecográfico, que a mayor frecuencia menor profundidad pero más resolución para diferenciar las capas esofágicas. Y al contrario, a menor frecuencia, más capacidad de profundizar, pero menos definición. Permite valorar las distintas capas de esófago, estómago y colon. Valora muy bien la vía biliar extrahepática, páncreas y vasos mesentéricos, esplénicos y grandes vasos.

Es la técnica diagnostica ideal para el estadiaje loco-regional de tumores del tracto digestivo. Se dispone de dos sistemas de valoración ecoendoscópicos:

> ➤ El ecoendoscopio radial: permite una visión de 360 ° y no permite la terapeútica, aunque sí la toma de biopsias.
> ➤ El ecoendoscopio sectorial: permite una visión parcial 120-150 ° y permite la realización de terapeútica: punción biopsia de adenopatías, lesiones ocupantes de espacio, neurolisis de plexo celiaco.

Es un aparato caro y no todos los centros disponen de él, sólo los de referencia.

CPRE

La colangio-pancreatografía retrógrada endoscópica es una técnica endoscópica basada en un duodenoscopio (endoscopio oral con visión lateral), que dispone de una uña, que permite angular el esfinterotomo hacia la zona deseada y es ideal para la realización de terapeútica endoscópica biliar y pancreática

34

(esfinterotomía endoscópica, colocación de prótesis biliar y pancreática, extracción de coledocolitiasis).

Precisa de:

1. Ingreso del paciente el día anterior o el del ingreso. Una vez realizada la prueba permanecerá ingresado ante posibles complicaciones post-CPRE 24 horas. Si no incidencias en esas 24 horas, alta.
2. Realización en una sala de rayos X.
3. El empleo de catéteres y contraste yodado para el estudio diagnostico de la vía biliar antes de realizar la terapeútica.
4. Además de la sedación habitual la administración de varias buscapina intravenosas para parar el peristaltismo duodenal y facilitar así la canalización de la papila.
5. Firmar el consentimiento informado.
6. Informar de posibles complicaciones post-CPRE: pancreatitis aguda, que generalmente son leves y se recuperan habitualmente en 24-48 horas, hemorragia digestivas, que habitualmente se controlan con tratamiento hemostático endoscópico y la perforación duodenal, que implicaría ser intervenido quirúrgica.
7. Protocolo de post-CPRE: dejar amilasa de las 18 horas del día de la prueba y de las 7 horas de la mañana anterior, antes de dar de alta.
8. Preciso poner en el tratamiento Ciprofloxacino 200 mg iv. / 12 horas si se canalizó la vía biliar y se administró contraste, sobre todo si el diagnostico era patología biliar obstructiva.
9. También pautar analgesia: paracetamol 1 gramo iv. cada 8 horas si dolor.
10. No reiniciar la dieta sin grasas hasta que la paciente se encuentre asintomática y la primera amilasa de la tarde sea normal. Indicarlo en el tratamiento: si amilasa es menor de 200 y asintomática iniciar dieta de pancreatitis I o II.
11. También cuando exista patología biliar obstructiva no resuelta con la esfinterotomía o no se consiga un buen

drenaje es conveniente la colocación de stent biliar de plástico para conseguir un buen drenaje.

12. No es recomendable que catetericemos la vía pancreática, salvo que esta sea precisa estudiarla.

Biopsia hepática percutánea

Es una técnica diagnostica consistente en mediante un aguja de biopsia se realiza la toma de material histológico, en especial para indicar el tratamiento antiviral en hepatitis crónicas virales y en hipertransaminasemia no filiada, control terapéutico de determinadas enfermedades hepática. Tiene que tener los parámetros de hemostasia bien. De lo contrario, tendrán que realizarlas los radiólogos intervencionista mediante una biopsia hepática transyugular.

1. Se localiza el punto de punción ecográficamente y tiene que tener al menos una ecografía previa no vaya a existir hemangiomas o lesiones ocupantes de espacio en la zona de punción.

2. Se aplica anestésico tópico en la zona de punción.

3. Se realiza una pequeña incisión con hoja de bisturí sobre el plano de la piel en la zona marcada que permita realizar la punción con más certeza.

4. Hay hospitales que disponen de una pistola de biopsia hepática. Otros los más antiguos emplean agujas como las de Menguini de toda la vida.

5. El paciente durante la punción mantendrá la respiración.

6. Una vez obtenido el espécimen se pondrá el paciente en decúbito lateral derecho durante al menos 2 horas y en reposo. Si no incidencias podrá posteriormente comer.

7. No debe tomar aspirina ni antiinflamatorios durante los 5 días siguientes a la prueba y no realizar esfuerzos en esas primeras 24 horas.

CAPÍTULO 4

HEMORRAGIA DIGESTIVA ALTA

DE ORIGEN NO VARICIAL

Fernando M. Jiménez Macías

Hemorragia digestiva alta por úlceras pépticas

Cuando introducimos el endoscopio tal como indicamos en el capítulo correspondiente y visualizamos una ulcera gástrica o duodenal como causa del sangrado, se procederá a clasificar la lesión según del grado de Forrest y posteriormente aplicar su tratamiento endoscópico.

Clasificación de Forrest

Grado I: Hemorragia activa.
Grado Ia: sangrado arterial activo en jet.
Grado Ib: sangrado babeante.

Grado II: estigmas de sangrado reciente.
Grado IIa: vaso visible no sangrante.
Grado IIb: lesión con coágulo adherido.

Grado III: no existen signos de sangrado.

Condiciones del paciente

1. Firmado el consentimiento informado.
2. Dos vías periféricas, un drum o una vía central.
3. Enfermero a que se ha explicado como realizar la terapeútica endoscópica.
4. Viales de adrenalina y Toxiesclerol cargados si la hemorragia fue severa.
5. Avisar al endoscopista localizado cuando el paciente haya presentado inestabilidad hemodinámica (tensión arterial sistólica menor de 80 y/o frecuencia cardiaca mayor de 100 latidos por minuto; cuando presente hematemesis franca o salga sangre roja por la sonda nasogástrica; anemización con bajada de más de 3 puntos la hemoglobina con respecto a la basal del ingreso).
6. Si hay fracaso de la terapeútica endoscópica, se puede intentar nuevo intento de terapeútica endoscópica, esta

vez empleado hemoclips hemostático, además de la terapia vasoconstrictora o esclerosante, siendo informado el cirujano de guardia en caso de fracaso.

7. Es conveniente la reserva de 2-3 concentrados de hematíes y en algunas condiciones de inestabilidad hemodinámica el que esté pasando la sangre mientras se realiza el acto endoscópico, así como control de monitorización, que el paciente puede traer portátil de la sala de observación. Esto es muy importante cuando el paciente va a ser desplazado de otro hospital al que se tiene que realizar la endoscopia, debiendo de llevar desde allí en su traslado un buen acceso venoso y algunas bolsas de sangre en caso de incidencia.

8. Si finalizada la endoscopia las condiciones son de extrema gravedad se ingresará en observación si es que procede de otro hospital con el fin de estabilizar al enfermo o revisarlo de nuevo en 12-24 horas antes de trasladarlo de nuevo a su centro.

9. Tratamiento médico: Pantoprazol iv. cada 24 horas u Omeprazol 1ampolla cada 8 horas.

10. Si la hemorragia presenta un grado de Forrest I o IIa se recomienda poner una pefusión continua con Omeprazol: Omeprazol 80 mg. en bolo intravenoso durante 15 minutos, seguido de perfusión continua de 8 mg/hora durante 72 horas máximo (2 ampollas de 250 cc de suero fisiológico a 63 ml/hora).

11. Si fracasa el tratamiento endoscópico tendremos las siguientes situaciones:

ÚLCERA GÁSTRICA:

* sutura simple o resección en cuña de la lesión.

* Si no es posible la hemostasia, gastrectomía parcial y gastroenteroanastomosis en Y de Roux .

ULCERA DUODENAL:

* Duodenotomía o pirolotomía: sutura del vaso responsable.

* Otra posibilidad: piroloplastia con vagotonía troncular.

* Ligadura de la gastroduodenal en casos de mal control.

NEOPLASIA GÁSTRICA

* Gastrectomía total o subtotal + gastroenteroanastomosis en Y de Roux.

Es muy importante que el paciente haya sido estabilizado hemodinamicamente con sueroterapia, expansores plasmáticos (Elohe o Hemocé), así como transfusión de concentrados de hematíes antes de ser sometido a la realización de la endoscopia oral.

Criterio de ingreso

- Cuando el paciente haya sido sometido a tratamiento esclerosante.
- Cuando el grado en la clasificación de Forrest sea I o II.
- Cuando el paciente haya presentado inestabilidad hemodinámica, anemización, hematemesis, ingresos previos por hemorragia digestiva.

Revisión y tratamiento de mantenimiento

Tratamiento:

* Ulcera duodenal Helicobacter pylori (-): omeprazol 20 mg al día durante 1 mes

* Ulcera gástrica Helicobacter pylori (-): Omeprazol 20 mg al día durante 1 mes. Si respuesta clínica mala, duplicar dosis (40 mg. de Omeprazol oral durante 2 meses).

* Ulcera duodenal y gástrica Helicobacter pylori (+): Omeprazol 40 mg/día + Amoxicilina 1 gramo cada 12 horas + Claritromicina 500 mg/ 12 horas durante 1 semana (Pauta OCA).

Otra pauta posible: Omeprazol 20 mg/12 horas + Claritromicina 500 mg/12 horas + Metronidazol 500 mg/12 horas (Tinidazol o Tricolam) durante 7-10 días.

Pauta de rescate:
Omeprazol 20 mg/ 12 horas + Bismuto 120 mg/6 horas (Gastrodenol) + Tetraciclina 500 mg/6 horas + Metronidazol 500 mg/8 horas durante 2 semanas.

Tratamiento de mantenimiento: Omeprazol 20 mg/24 horas
1. Ulceras Helicobacter pylori (-).
2. Antecedentes de HDA o perforación.
3. Mientras se confirma la erradicación de los pacientes que han hecho tratamiento erradicador.

Toda ulcera gástrica debe ser biopsiada para estudio anatomopatológico y confirmado que se ha erradicado el Helicobacter pylori. Por ello, todo paciente que ingresa por hemorragia digestiva por úlcera gástrica debe de darse de alta con cita para una endoscopia digestiva de revisión.

CAPÍTULO 5

HEMORRAGIA DIGESTIVA ALTA VARICEAL. SÍNDROME DE ABSTINENCIA ALCOHÓLICA

Fernando M. Jiménez Macías

Definición

Es la hemorragia digestiva más respetada por los digestivos, pues conlleva su no tratamiento una importante morbi-mortalidad. Se produce por sangrado por las varices esofágicas y/o gástricas, en pacientes con cirrosis hepática.

Clasificación de las varices esofágicas:

> ➢ Varices esofágicas grado I: incipientes.
> ➢ Varices esofágicas grado II: varices pequeñas rectilíneas, que se aplanan totalmente con la insuflación.
> ➢ Varices esofágicas grado III: varices gruesas, que se aplanan parcialmente con la insuflación.
> ➢ Varices esofágicas grado IV: megavarices, muy tortuosas, que no se aplanan con la insuflación.

Esta era la clasificación tradicional, pero hoy en día hablan de ausencia de varices, varices pequeñas y varices grandes.

Las varices gástricas se clasifican:

> ➢ Varices tipo I: un vaso subcardial en continuidad con las varices subcardiales.
> ➢ Varices tipo II: gruesos cordones varicosos y en número más de uno.

Medidas de sostén en espera endoscopia oral urgente

1. Asegurar la estabilidad hemodinámica: colocación de una vía central con al menos 2 luces, o bien, colocar un drum o dos buenas vías periféricas.

2. Monitorizar al paciente: es preciso que esté en el departamento de Observación, con controles horarios de tensión arterial, frecuencia cardiaca.

3. Diuresis de 24 horas: sondaje vesical.

4. Si está en un hospital con endoscopista localizado, puede ser de utilidad la colocación de sonda nasogástrica, para aspirar el contenido gástrico hemático cada hora con lavados horarios de 100 cc. de suero fisiológico. De esa forma, reduciremos el riesgo de broncoaspiración y sabremos el color de la sangre (aspecto evolutivo y del riesgo potencial), en el sentido, que si es sangre digerida oscura el sangrado es menos severo a priori, que cuando el aspirado es hemático de sangre roja. También permite el tratamiento oral preventivo de encefalopatía hepática por sonda o antibioterapia.

5. Realizar un ECG y una radiografía de tórax portátil al ingreso.

6. Reposición de la volemia: intentar mantener la tensión arterial sistólica en torno a 95 y la frecuencia no superior a 100 latidos por minutos. Para ello, emplearemos: suero fisiológico, expansores plasmáticos (Hemocé o Elohes). En todo paciente con hemorragia digestiva variceal reservaremos sangre (2-3 concentrados de hematíes), los cuales si la situación hemodinámica lo permite tendremos que especificar que sean concentrados de hematíes lavados (sin inmunoglobulinas que los sensibilicen), en pacientes potenciales o incluidos en lista de espera para trasplante hepático.

7. Indicación de transfusión de sangre: si la hemoglobina es inferior a 8-7.5 g/dl. No debemos sobretransfundir al paciente por riesgo de aumentar en exceso la hipertensión portal, con mayor riesgo de resangrado hemorrágico.

8. Administrar vitamina K (Konakion) y plasma fresco, cuando los tiempos de coagulación se encuentren alargados (TP): una ampolla de 10 mg. de vitamina K en 100 cc de suero fisiológico cada 6 horas, pasando los primeros cc. lentamente ante el riesgo de reacciones alérgicas para la primera dosis. La dosis de plasma es de 10 ml/kg. Es decir, para un paciente de 70 Kg. la dosis de plasma necesaria son 700 cc., que se puede pasar rápidamente sin problemas si la situación hemodinámica es inestable.

9. Dos horas antes de la endoscopia se puede administrar plaquetas, para que el control hemostático sea el mejor. La dosis es 1 Unidad por 10 Kg. de peso. Es decir, un paciente de 70 kg. Precisará 7 Unidades de plaquetas.

10. Administración de somatostatina o Terlipresina:
    * Somatostatina: bolo inicial de 250 microgramos en 100 cc de suero fisiológico a pasar en 10 minutos después de una ampolla de Primperam o Yatrox intravenosa, seguido de una bomba de perfusión (3 mg de Somatostatina en 100 cc de suero fisiológico cada 12 horas, es decir, 9 ml/hora o 250 microgramos/hora). En caso graves con inestabilidad hemodinámica se puede duplicar la dosis a 6 mg/12 horas, con mejores resultados. Está contraindicada en embarazadas y lactantes. Duración del tratamiento: 5 días. El día 5º, si el paciente evoluciona favorablemente, se irá reduciendo la dosis progresivamente de la perfusión continua hasta finalmente suspenderla. Se iniciará tratamiento con betabloqueantes como profilaxis secundaria de HDA (Nadolol o Propanolol), si no existe contraindicación y si el paciente lo tolera.

La Terlipresina es otro fármaco empleado. La dosis es de 2 mg./4 horas durante 2 días. Posteriormente, 1 mg/4horas durante 5 días.

11. Dieta absoluta mientras el paciente mantenga sangrado. Si la situación es refractaria, se puede dar tratamiento nutricional parenteral periférico (Isoplasmal G o Intrafusin), con dosis no superiores a 1000 cc en 24 horas para no sobrecargar la presión portal. Si la dieta absoluta se va a mantener más de 72 horas, es recomendable contactar con el servicio de Nutrición para iniciar nutrición parenteral total, ajustada para encefalopatía hepática si es que el paciente la presenta, en dosis diaria máxima no superior a 1000-1500 cc/24 horas.

12. Prevención de la encefalopatía hepática: Lactulosa 1 cucharada cada 6 horas por SNG (sonda nasogástrica) u oral si lo permite la situación, así como enemas de lactulosa cada 12 horas

si el paciente está en dieta absoluta. Si el paciente presenta encefalopatía hepática la endoscopia oral está contraindicada y se recomienda en esos casos, colocar SNG conectada a bolsa, con aspiración horaria del contenido de la misma previo lavado con 50-100 cc. de suero fisiológico y administrar por ella la lactulosa 30 ml cada 6 horas; valorar la colocación-hinchado del balón de Sengtacken en espera de mejoría de la encefalopatía y enemas de lactulosa cada 8 horas. Si encefalopatía hepática severa grado III-IV lo recomendable es intubar ante el alto riesgo de broncoaspiración.

13. Omeprazol 80 mg/12 horas o Pantoprazol 1 ampolla/24 horas.

14. En todo paciente con ascitis, es recomendable la realización de una paracentesis diagnóstica para estudio bioquímico urgente (celularidad, recuento de polimorfonucleares neutrófilos, glucosa, eritrocitos; si el nº de PMN > 250, tendrá una peritonitis bacteriana espontánea y habrá que tratarla. Para su prevención emplearemos el Norfloxacino 400 mg/12 horas durante 1 semana.

15. Si el paciente con hemorragia digestiva presenta una disminución del nivel de consciencia durante el ingreso en observación o planta, en especial cuando presente signos de focalidad neurológica o dudoso, es recomendable realizar un TAC de cráneo, ya que son paciente que pueden tener hábito enólico, sufrir caídas en estas condiciones, a lo que unido los trastornos de coagulación y plaquetopenia que se suele encontrar en pacientes cirróticos evolucionados pueden sufrir hematomas cerebrales, subaracnoideos o subdurales.

16. Si el paciente presenta Delirium Tremens (disminución nivel consciencia, desorientación temporo-espacial, pensamiento desorganizado, alucinaciones visuo-táctiles, en especial las microzoopsias, fiebre) el tratamiento es siempre hospitalario.

17. Si el paciente presenta encefalopatía hepática coincidiendo con el episodio de hemorragia digestiva variceal en un paciente cirrótico, están contraindicados las benzodiacepinas

convencionales (Diazepam). Los tratamientos que podemos emplear para el control del síndrome de abstinencia son:

> Tiamina 100 mg./12 horas intramuscular o 100 mg./12 horas.

> Ácido fólico 1 mg/día y un polivitamínico diario oral si es posible.

> Si hipomagnesemia, 1 gramo de sulfato de magnesio/ 6 horas intramuscular.

> Distraneurine (Clormetiazol): 1-2 cápsulas cada 8 horas. Necesidad de oxigenoterapia si Saturación O2 menor de 92 %. Empleado habitualmente para el tratamiento de mantenimiento del síndrome de abstinencia y en ocasiones en la fase aguda cuando el paciente colabora.

> Tiapride (Tiaprizal): Iniciar con 200 mg (2 ampollas en 250 cc de suero fisiológico) hasta sedación y posteriormente perfusión continua con 600 mg/12 horas. Si tolera oralmente, 1-2 comprimidos cada 6 horas. Se puede asociar con Haloperidol en fases alternantes de 4-6 horas, si no respondiera con Tiaprizal.

> Haloperidol ½ o 1 ampolla cada 8 horas.

Endoscopia oral terapeútica urgente

1. Si conocemos que el paciente es un cirrótico con varices esofágicas, de forma empírica antes de realizar la endoscopia oral se le pondrá al paciente un bolo de 250 microgramos de somatostatina seguido de una perfusión de la misma a dosis de 250 microgramos /hora, es decir, 3 mg/12 horas de somatostatina en bomba de perfusión. En casos severos, se puede duplicar la dosis a 6 mg/12 horas.

2. La endoscopia oral estará contraindicada si el paciente presenta encefalopatía hepática, por riesgo de aspiración. En este caso se recomienda colocar empíricamente el Sengtacken hinchado y tras poner tratamiento con enemas de Duphalac y duphalac oral cada 8 horas por la sonda valorar intento de endoscopia cuando haya mejorado el paciente. En caso de encefalopatía hepática grado IV con hemorragia severa, el riesgo de aspiración es muy alto y se

podría intubar realizando a continuación la endoscopia si está estable hemodinamicamente.

Si no disponemos de Somatostatina, podemos emplear Terlipresina a dosis de 2 mg cada 4 horas durante 2 días y posteriormente durante 5 días más a dosis de 1 mg cada 4 horas en perfusión continua.

3. El esclerosante a usar como ya comentamos: Oleato de Etanolamina al 5 %.

4. Emplearemos aguja de esclerosis.

5. Jeringa de 50 cc para lavados o hichar el balón de Sengtacken.

6. Varios salvanindas para colocarlo uno en la cabecera del enfermo y otro a nuestros pies.

7. Bata verde con guantes.

8. Conectar el endoscopio a una fuente de aspiración.

9. Comprobar antes que llegue el endoscopista que el endoscopio aspira e insufla perfectamente.

10. Hacer el blanco al endoscopio: acondiciona la visión del endoscopio a una visión dentro de una tubería.

11. Recomendable contar con un auxiliar que ayude a agarrar al enfermo, sobre todo cuando la colaboración del paciente es dudosa o se encuentra con cierto grado de deprivación enólica o no tiene suficiente nivel de concienciación con la situación de riesgo vital que supone una hemorragia digestiva de este tipo.

12. Una vez en cardias: aspirar bien, contabilizar el número de cordones, cúal ha podido ser el responsable mayor del sangrado y tenerlo localizado, insuflar bien para ver. Ver si hay puntos rojos en las varices o punto de fibrina o coagulo adherido. Si éste se localiza intentar inyectar esclerosante por debajo de él, nunca sobre éste o en este mismo punto. Deben esclerosarse todos los cordones varicosos. Para su aplicación gira el endoscopio con cambios posicionales del endoscopio y del tubo y ayudándote también con los mandos de giro del endoscopio.

13. Necesario siempre valorar la zona infracardial por si hay varices gástricas asociadas y valorar al finalizar la endoscopia terapeútica si precisa salir el paciente de la sala de endoscopio con el Sengtacken colocado aunque no hinchado necesariamente.

14. Si el paciente presenta hemorragia digestiva variceal gástrica o esofágica de mal control con la terapeútica endoscópica, deberemos de colocar el balón de Sengtacken, duplicar la dosis de somiaton y derivar a Unidad de Sagrantes de referencia o Unidad de Cuidados Intensivos del hospital para un mejor control y monitorización. En ese caso si el paciente está incluido en programa de trasplante hepática y/o no presenta encefalopatía hepática puede ser candidato a TIPS (derivación porto-sistémica percutánea intrahepática). Otra posibilidad es la quirúrgica de urgencia, que es recomendable realizar en un centro experimentado si el paciente tiene buena función hepática (Child-Pugh A o B).

15. Hemostasia: necesidad de corregir el TP en lo posible. Para ellos podemos emplear Konakion o vitamina K diaria y si no se corrige o no se espera que se corrija, transfundir plasma.

16. Es imprescindible realizar esta endoscopia terapéutica con el paciente monitorizado y con sangre reservada.

17. Es conveniente informar a la familia del riesgo potencial del paciente.

Fracaso de tratamiento esclerosante endoscópico

La sonda de Sengtacken tiene 2 globos, uno alargado en la parte superior (esofágico) y otro más distal que es más redondo (gástrico). Generalmente hinchamos el distal o gástrico. Con el paciente en decúbito lateral izquierdo se inserta la sonda por el riesgo de aspiración. Una vez que se piense que está en estómago, aspiraremos con una jeringa de 50 cc. para valorar si existe sangre o contenido líquido. Si sale indicará que estamos en estómago.

A continuación procederemos a introducir con una jeringa de 50 cc a través de la zona que tiene habilitada para estómago (

denominada stomach) un total de 200 cc (4 jeringas seguidas de 50 cc con agua). Una vez realizado retiraremos la sonda hasta encontrar resistencia del balón gástrico hinchado a nivel de la zona infracardial.

Realizado esto, aplicando una ligera tracción, fijaremos la sonda al ala de la nariz con cinta adhesiva. Si el resultado de la endoscopia no ha sido satisfactorio para el endoscopista, no se ha conseguido una buena hemostasia, se puede proceder al hinchado del balón esofágico con aire, no con agua, pues si se rompiera podría hacer el paciente una aspiración. Lo recomendable es meter aire hasta alcanzar una presión de llenado de 50-60 mm de mercurio. Si no se dispone de esfigmomanómetro para medir la presión del balón esofágico se puede introducir 150 cc de aire Se puede traccionar la sonda con un peso de 500 g o 1 Kg. (1-2 botes de sueros de 500 cc), usando un sistema de polea o la barra situada a los pies de la cama del paciente, dejándolo hinchado 12 horas.

Si tenemos varices gástricas y un balón de Linton-Nachlas: tras introducir la sonda hincharemos el balón con un total de 600 ml de aire.

Es conveniente hacer lavados gástricos con suero fisiológico horario con 50 cc y aspirar para valorar si el contenido gástrico es hemático de sangre roja fresca o coagulada. Si ya es de color más oscuro indica que está siendo eficaz el taponamiento.

También podemos emplear como uso compasivo un fármaco que en los últimos años en situaciones desesperada con fracaso del tratamiento endoscópico ha cambiado el pronóstico inmediato del paciente. Se trata del factor VII recombinante. Dosis: bolo de 80 microgramos/ Kg. a pasar lentamente en 2 minutos. Forma de presentación: ampollas de 2 ml (1,2 mg). Su efecto es muy evidente a los 10-15 minutos. Puede ser ideal en casos de hemorragias digestivas variciales cataclísmicas, que después de administrarlo el endoscopista tenga mejores condiciones para realizar la terapéutica endoscópica.

Otra opción ante fracaso de terapeútica endoscópica es el TIPS (Shunt porto-sistémico intrahepática transyugular): Precisa del servicio de radiología intervencionista, por lo que habría que mantener al paciente con sueroterapia, concentrados de hematíes y plasma, sonda de Sengtacken hinchada e intento de terapeútica endoscópica urgente, con/ sin traslado a UCI o Unidad de Sangrantes, hasta el día siguiente en que plantearíamos el caso a los radiólogos.

Si el paciente no presenta trombosis portal ni encefalopatía hepática crónica, se puede colocar el TIPS, en especial si es un estadio de Child-Pugh B o C y/o está en programa de espera de trasplante hepático. Por ello, es necesario disponer de una ecografía-doppler de abdomen y de una bioquímica hepática.

La opción quirúrgica es más complicada de recurrir, ya que la realizan habitualmente en centros con experiencia suficiente. Está especialmente indicada en paciente con función hepática conservada (estadio Child-Pugh A o B). Es preciso disponer de una ecografía-doppler de abdomen y un estudio preanestesio favorable para indicar la intervención, que tiene una alta morbi-mortalidad. Disponemos de la derivación porto-cava, esplenorrenal distal (Warren), etc.

Varices gástricas o fúndicas: además de los anteriores tenemos dos técnicas posibles:

1. Tratamiento endoscópico con N-butil-2 cianoacrilato, que es como un pegamento cada 2-4 semanas, hasta cierre de punto sangrante varicial. No todos los centros disponen de esta técnica. Si fracasa se contactará con el servicio de radiología intervencionista para colocación del TIPS.

2. Embolización de variz gástrica responsable del sangrado con Cois. Si no responde se colocará un TIPs si no existe contraindicación.

Profilaxis secundaria de HDA varices.

Objetivo: Bajar 25 % frecuencia cardiaca basal.

Nadolol (Solgol): 20 mg/día. Aumentar 20 mg. cada 2-4 días hasta alcanzar el objetivo, hasta un máximo de 160 mg/día. No aumentar dosis si la frecuencia cardiaca es menor de 55 latidos por minuto o tensión arterial es inferior a 85. Otro posible es el Propanolol.

Una vez alcanzada la dosis optima, asociar al Solgol, como prevención secundaria, ya que no se ha demostrado su eficacia para la profilaxis primaria 5 mononitrato de isosorbida a dosis de 20 mg/ día durante 2 días. Si tolera aumentar dosis a 20 mg/12 horas durante 5 días, para finalmente tomar una dosis de mantenimiento de 40 mg/12 horas.

Si el paciente presentó peritonitis bacteriana espontánea (PBE) durante su ingreso se tratará con profilaxis secundaria para PBE con Norfloxacino 400 mg/24 horas.

CAPÍTULO 6

HEMORRAGIA DIGESTIVA BAJA Y HEMORRAGIA DIGESTIVA DE ORIGEN OSCURO

Fernando M. Jiménez Macías

Definición

La hemorragia digestiva baja es aquella que se produce en el intestino grueso, generalmente en forma de rectorragias, mientras que la de origen oscuro, habitualmente se focaliza a nivel de intestino delgado, en forma de hematoquecia o rectorragia.

Son hemorragias digestivas que son incómodas para el clínico que las lleva, pues en las primeras para su estudio es fundamental que el colon esté bien preparado y en las segundas la cantidad de pruebas que requiere el paciente, de las cuales, no todas se dispone en el mismo hospital, genera un stress al médico difícil de llevar.

La etiología de la hemorragia digestiva baja es variada y oscila desde divertículos, angiodisplasias, tumores o pólipos ulcerados, enfermedad inflamatoria intestinal, fisura anal, hemorroides internas, colitis isquémica, etc. La hemorragia digestiva de origen oscuro oscila de lesiones agudas de la mucosa, pólipos o tumores de intestino delgado, enfermedad inflamatoria intestinal, etc.

Ingreso de una hemorragia digestiva baja

1. Coger dos vías periféricas: una para transfusión de sangre y fármacos y otra para sueroterapia. Sería recomendable, salvo criterio médico claro, colocar y después retirar una sonda nasogástrica para aspirar el contenido gástrico tras lavado con 100 cc de suero fisiológico, pues hay hemorragias digestivas altas que debutan con melenas de sangre roja clara (HDA con tránsito rápido y/o sangrado severo). En caso de obtener restos hemáticos estaría indicada antes de la colonoscopia la endoscopia oral urgente.

2. Hacer ECG, Radiografía de tórax, analítica con hemograma, coagulación, bioquímica, etc.

3. Firme el consentimiento de colonoscopia.

4. Una vez firmado, se dejará en dieta absoluta y se hará una colonoscopia urgente en las próximas 24 horas. Para ello se preparará el paciente con solución evacuante o enemas de limpieza, dependiendo de si es un enfermo que puede

darse oralmente la preparación o no, si es un enfermo renal (enemas de limpieza cada 4 horas con ¼ de la dosis de solución evacuante, siempre que el nefrólogo de guardia esté de acuerdo, por lo que deberá ser avisado).

5. Al día siguiente se avisará al servicio de endoscopia para informar que disponen de una colonoscopia urgente. El día que ingresó el paciente se informará al digestivo de guardia o al endoscopista localizado para que le de las directrices a seguir, ajustadas a su centro.

6. Reservar sangre y transfundir a criterio del médico de observación. Si inestabilidad hemodinámica, remontar con expansores de la volemia (Elohes o Hemocé) hasta remontar tensión arterial.

7. Si recibe tratamiento con antiagregantes, antiinflamatorios o anticoagulantes se suspenderán hasta valorarlo endoscopicamente.

8. Colonoscopia: se explora la totalidad del colon, intentando de valorar la existencia de divertículos sobre todo en sigma, la presencia de posibles angiodisplasias en ciego e ileon, especialmente. Por ello, debería realizarse la ileoscopia con intención de descartar lesiones mucosas en ileon distal (angiodisplasias, enfermedad de Crohn o tumores ulcerados a este nivel). Tiene la ventaja de focalizar la lesión sangrante y aplicar tratamiento endoscópico.

Si se objetiva un punto sangrante se podrá aplicar primero tratamiento vasoconstrictor con adrenalina al 1:10000 (1 cc de adrenalina + 9 cc. de suero fisiológico) sobre el punto sangrante. Posteriormente aplicaremos Toxiesclerol o Polidocanol al 1 o 2% (2 cc de Toxiesclerol con/sin 2 cc de suero fisiológico, respectivamente). Si fracasara el tratamiento vasoconstrictor y esclerosante, se podría aplicar 1-2 hemoclips si se visualizara un vaso visible claro.

9. Si la colonoscopia resulta normal y el estudio endoscopio alto no muestra lesiones estaremos ante una hemorragia

digestiva de origen oscuro. Estaría indicado a continuación un estudio de intestino delgado.

10. El estudio de intestino delgado requiere la realización de una o ambas pruebas en primera instancia:

   - Tránsito intestinal: descartar estenosis o defecto de replección intraluminal tipo pólipo ideo o lesión tumoral, enfermedad de Crohn, ulceras mucosas.

   - TAC abdomen con contraste intravenoso y oral: valora la totalidad del tracto digestivo, incluso si se solicita un angio-TAC puede descartar la presencia de lesiones angiodisplásicas o lesiones tumorales vascularizadas.

11. Si resultaran negativas o normales, se puede realizar otros tres tipos de pruebas:

   - Capsuloendoscopia: aunque no tiene capacidad terapéutica, es una prueba no invasiva, por lo que se debería hacerse si el centro dispone de ella antes de la arteriografía mesentérica. El paciente ingiere una capsula que capta imágenes del esófago, estómago y sobre todo intestino delgado. Permite localizar posibles lesiones sangrantes.

   - Gammagrafía de hematíes marcados con Tecnecio: ideal para diagnostico de lesión sangrante a un flujo de 0.1-0.5 ml/minuto.

   - Arteriografía mesentérica: cuando el flujo de la lesión es de 1-1.5 ml/hora. Esta técnica además tiene la opción terapéutica de embolizar lesión sangrantes de forma selectiva.

HDB por hemorroides internas

Sangre roja al final de la deposición. Clasificación: hemorroides externas e internas. Clasificación de hemorroides internas:

* Grado I: profusión en canal anal sin prolapso exterior.
* Grado II: prolapso que se reduce espontáneamente.
* Grado III: prolapso con reducción manual.
* Grado IV: prolapso mantenido.

Tratamiento médico:

Dieta rica en fibra, Plantaben (Plantago ovata 1-2 sobres al día) con bastante liquido, al menos 1 litro al día. Crema tópica anal de asociación corticoides + anestésico tópico (Proctolog crema 1 aplicación cada 8-12 horas). Daflon 1-2 capsulas durante 1-2 semanas.

Tratamiento quirúrgico:

- Ligadura con banda elástica: hemorroides grado I-III.
- Hemorroidectomia quirúrgica: hemorroides grado IV.
- Mucosectomia circunferencial con grapas: hemorroides grado I-III.

HDB por fisura anal
Dolor anal + rectorragia.

Tratamiento médico:
* Tratamiento estreñimiento: plantaben o duphalac.
* Baños de asiento.
* Lavados con jabones neutros.
* Nitratos tópicos.
* Proctolog crema.
* Inyección de toxina botulínica en esfínter anal.

Tratamiento quirúrgico: la más eficaz: esfinterotomía lateral interna.

Colitis isquémica

La isquemia mesentérica aguda se produce por isquemia de arteria mesentérica superior o trombosis de la vena mesentérica superior.

Se trata de una situación crítica con riesgo vital para el paciente en función del segmento intestinal afecto.

Diagnostico: Bioquímica: elevación de LDH, CPK, leucocitosis. Pruebas de imagen: ecografía-doppler abdomen y angio-TAC abdomen. También la arteriografía mesentérica.

Tratamiento quirúrgico de urgencias: resección segmentaria del segmento intestinal necrótico afecto + embolectomia en caso de ser de origen embolígeno; resección segmentaria del segmento intestinal + trombectomia + anticoagulación en caso de ser una trombosis de la arteria mesentérica superior; resección del segmento afecto + anticoagulación con Sintrom en caso de trombosis de vena mesentérica superior.

CAPÍTULO 7

IMPACTACIÓN ESÓFAGICA POR CUERPO EXTRAÑO

E

INGESTA DE CAÚSTICO

Fernando M. Jiménez Macías

Definición

La impactación de un cuerpo extraño es la colocación de un bolo alimenticio, hueso, espina, objeto cortante, etc., que queda anclado en esófago sin poder bajar a estómago, produciendo al paciente sialorrea, odinofagia y disfagia.

La ingesta de caústicos es la ingesta accidental, con intento suicida o realizada por enfermos psicóticos de sustancias ácidas o alcalinas que son capaces de producir lesiones corrosivas en esófago, así como otro tipo de trastornos metabólicos severos en el organismo.

Impactación alimenticia

11. Consentimiento informado firmado.

12. Antes de avisar al endoscopista, si el bolo no contiene hueso, espina o algo cortante, se puede administrar intravenosa una Buscapina iv asociada a 1 ampolla de Diazepam iv. Esperar 15 minutos y probar si el paciente ha resuelto la clínica a darle un pequeño sorbo de agua.

13. Si se hubiera resuelto con tratamiento conservador no avisar a endoscopista y dar de alta con tratamiento líquido, remitiéndole a la consulta de Digestivo preferente o a la consulta rápida de digestivo (Chare) si es que existe.

14. Disponer de pinza de biopsia.

15. Disponer de asa de polipectomia.

16. Disponer de cesta de Dormia.

17. Disponer de pinza de cocodrilo.

18. Introducir el endoscopio hasta donde se encuentre el bolo alimenticio: describir consistencia, color, aspecto, riesgo de perforación, si se desprende hacia abajo con ligera presión con la punta del endoscopio.

19. Si se deslizara fácilmente valorar siempre que no sospechéis que existe estenosis cardial, que caiga hacia estómago. En impactaciones cardiales se recomienda que no optéis por esta opción salvo que sea muy claro que va a caer a estómago por el riesgo de impactar el bolo aún más. Es preferible entonces, usar el asa de polipectomia o la cesta de Dormia. Introducir con el asa abierta el margen distal por uno de los lados del bolo, en el espacio virtual existente entre él y la pared esofágica, llevando el otro extremo proximal de asa abierta hacia el otro lado. Hecho esto intentareis de agarrar en la mayor área posible el bolo, cerrando el asa entonces. Si la habéis agarrado bien, con la mano izquierda si sois diestro agarrar bien el catéter del asa que sale por el canal de trabajo mientras tenéis agarrado con esa misma mano el endoscopio. Comenzar a sacar lentamente el endoscopio con la mano derecha si sois diestro, de forma que llegareis a la supuesta zona de boca de Killiam, donde notareis una cierta resistencia. Continuar sacando hasta que veáis que por la boca sale ya el bolo alimenticio.

20. Es fundamental comprobar una vez sacado que no quedan más restos de bolo en esófago. Si los hubiera volver a sacarlos.

21. Hay ocasiones que no se consigue extraer el cuerpo extraño por diferentes circunstancias: estar demasiado macerado y hecho un molde ajustado a la luz esofágica a nivel cardial que impide engancharlo con el asa de polipectomia. En este caso, podemos optar por intentar fraccionarlo con bastante cuidado de no impactarlo más en cardias y posteriormente cogerlo con el asa. Por ello, es conveniente realizar la endoscopia oral urgente en las primeras 6-8 horas.

En otras ocasiones, el bolo lo conforman cientos de fragmentos milimétricos (fruto seco fragmentado como castaña, nuez, arroz). Si estos no descienden con la movilización cuidadosa del asa hacia cardias, y no se resuelve la impactación podemos optar por dejar ingresado al paciente hasta un revisión endoscópica en las próximas 12-24 horas con tratamiento pautado de Buscapina iv + Diazepam iv cada 8 horas. Muchas veces cuando vayamos a revisar de nuevo el bolo endoscopicamente se habrá resuelto.

Otra de las opciones cuando no conseguir extraer un bolo forme en cardias que no se deshace es la emplear una cesta de Dormia, lo que puede facilitar su extracción.

La última opción disponible que podemos emplear si fracasa el asa o la cesta, es emplear el dispositivo plástico que cuenta el sistema de banding endoscópico, pero eliminándole el sistema de banda. Una vez aplicado éste dispositivo en la punta del endoscopio, podremos aspirar de forma mantenida sobre la parte superior del bolo, consiguiendo desimpactar y conseguir extraerlo con cesta o con asa posteriormente.

Para objetos metálicos como pilas convencionales podemos emplear el asa. Para pilas de mercurio, podemos emplear la pinza de cocodrilo. Estas son muy importantes quitarlas lo antes posible, debido a las quemaduras químicas que puede producir.

Cuando contamos con objetos punzantes o cortantes, no podremos emplear antes del intento endoscópico la asociación Buscapina y Diazepam, por riesgo de laceración o perforación esofágica.

Si se trata de una puntilla o tornillo se puede coger con el asa. Recomiendo proteger el tracto digestivo superior del cuerpo extraño, empleando un segmento del balón esofágico de Sengtacken ajustado a la punta del endoscopio, de tal forma que el cuerpo extraño quedaría cubierto por el balón.

Ingesta caústica esofágica

La endoscopia oral urgente hay que realizarla en las primeras 24-48 horas. Tiene un riesgo mayor de carcinoma epidermoide de esófago con respecto a la población general.

Clasificación:

* Grado 0: Normal.

* Grado 1: Edema mucoso e hiperemia. No requiere tratamiento. Dieta se inicia 24-48 horas.

* Grado 2A: Úlceras superficiales, sangrado y exudados. No requiere tratamiento. Dieta en cuanto esté asintomático (24-48 horas).

* Grado 2B: Úlceras profundas focales o circunferenciales: frecuente estenosis esofágicas. Requerirán dilataciones endoscópicas esofágicas.

* Grado 3A: Necrosis focal: muy frecuente estenosis esofágicas. Necesidad de ingreso 1 semana. Dilatación esofágicas si estenosis.

* Grado 3B: Necrosis extensa: mortalidad 65 %. Necesidad de ingreso 1 semana. Dilatación esofágica con endoscopia terapéutica si sobrevive.

CAPÍTULO 8

DISFAGIA:

ALGORITMO DIAGNÓSTICO
DE
ACTUACIÓN

Fernando M. Jiménez Macías

Definición

Dificultad o imposibilidad para tragar. Generalmente se asocia a odinofagia (dolor al tragar), sialorrea (exceso de saliva en la boca) y en ocasiones a dolor torácico irradiado o no a espalda.

Es muy importante la anamnesis: a que nivel, desde cuándo le ocurre, con que tipo de alimentos (sólidos y/o líquidos), tiene dolor al tragar, anemia, anorexia, pérdida de peso, tiene trastornos psiquiátricos o de ansiedad, enfermedades sistémicas o previas (esofagitis péptica previa, enfermedades autoinmunes (Sjogren, esclerodermia), enfermedades neurológicas (Miastenia Gravis, Parkinson, esclerosis múltiple, accidentes isquémicos cerebrales), etc.

Clasificación

Disfagia orofaringea.

Disfagia esofágica.

Algoritmo diagnostico

Deberemos contar siempre de una analítica completa, incluyendo hormonas tiroideas, así como una radiografía de tórax.

Si el paciente presenta una disfagia orofaringea o de localización alta, en especial cuando lleva tiempo con ella, lo más indicado puede ser realizar antes de todo prueba es un estudio esófago-gastro baritado. De esta manera valoraremos la funcionalidad del esfínter esofágico superior y descartaremos la presencia de lesiones esofágicas altas, que es recomendable que el endoscopista antes de realizar la prueba conozca o sospeche en base a este estudio tales como Divertículo de Zenker, membranas o anillos. Además con esta prueba estudiaremos la posible localización de estenosis, a qué nivel, posible etiología, nos acerca al estudio motor del esófago, así como si el paciente presenta signos radiológicos de reflujo esófago-gástrico.

Una vez realizado éste, a continuación deberemos solicitar una endoscopia oral, especialmente indicada cuando en el estudio baritado se evidencien lesión orgánica (estenosis esofágica benigna o maligna, membrana, anillos, etc.). A continuación realizaríamos el estudio diagnostico y terapéutico específico de la patología hallada.

Si la endoscopia y/o estudio esófago-gástrico baritado resultan normales o con sospecha de trastorno motor esofágico, lo que está indicado es la realización de una manometria esofágica. No todos los centros disponen de esta técnica. Podemos confirmar una sospecha de Achalasia (aperistalsis cuerpo esofágico con/sin hipertonía de esfínter esofágico inferior), Espasmo esofágico difuso o peristalsis esofágica sintomática, etc.

Otras veces en el estudio esofágico baritado o endoscopia oral podemos evidenciar una compresión extrínseca. En ese caso, lo que está indicado es la realización de un TAC cervical y torácico con contraste iv y oral con/sin ventana mediastínica, según la radiografía de tórax si es posible para el estudio de adenopatías, neoplasias tiroideas, mediastínico, alteraciones óseas vertebrales, compresión vascular (aneurisma aórtico, etc.).

Si todo esto resultara normal, a continuación en especial si el paciente presenta antecedentes neurológicos o clínica neurológica, es poner una hoja de consulta al Neurólogo. Éste podría solicitar pruebas para descartar la miastenia gravis, la cual a veces debuta como disfagia (test de Epsilon), electroneuromiograma, etc.

Si el neurólogo no evidencia organicidad, entonces lo siguiente que nos queda es una hoja de consulta al psiquiatra, para descartar una disfagia de origen psicógeno (ansiedad, depresión, trastorno de adaptación, etc.).

Tratamiento de la disfagia

Espasmo esofágico difuso o Peristalsis esofágica sintomática: tratamiento sintomático como: Nifedipino 20 mg sublingual antes de las comidas o dolor.

Achalasia: cuando presente disfagia, dilataciones forzada de cardias endoscópica, inyección de toxina botulínica (en especial, personas mayores con riesgo quirúrgico) y miotomía quirúrgica en personas jóvenes, en los que ha fracasado la dilatación esofágica. En casos avanzados con alto riesgo quirúrgico y fracaso del tratamiento endoscópico se puede indicar una gastrostomia percutánea de alimentación.

Estenosis cardial péptica o clínica RGE por esclerodermia: dilatación endoscópica con balón, una vez finalizado el tratamiento con IBP correspondiente (Omeprazol 40 mg/24 horas con medidas higiénico-dietética)

Tumoración esofágica: tratamiento específico.

Enfermedad neurológica: tratamiento específico y si no existe o no responde gastrostomia percutánea de alimentación.

CAPÍTULO 9

DOLOR ABDOMINAL AGUDO. OBSTRUCCIÓN INTESTINAL

Fernando M. Jiménez Macías

Definición

Este es un tema muy importante y que debe tener en cuenta todo médico que atiende en un departamento de urgencias. Un dolor abdominal agudo es aquel que dolor abdominal severo, que le hace ir a urgencias, en la mayoría de las ocasiones de más de 6 horas y menos de 48 horas de duración.

Anamnesis

Preguntar duración del dolor, localización, con que intensidad, si se irradia, si es una mujer si está embarazada o fecha de la última menstruación, número y aspecto de deposiciones, síndrome emético asociado, si no obra desde cuando, cambio del hábito intestinal en los últimos meses, presencia si síndrome constitucional (pérdida de peso, anorexia, estudio de anemia reciente por médico de cabecera), si coluria, acolia o ictericia, intervenciones quirúrgicas previas, antecedentes neoplásicos, fármacos, etc. Antecedentes de traumatismo abdominal (rotura esplénica).
Antecedentes cardiológico: cardiopatía isquémica, fibrilación auricular con riesgo de isquemia mesentérica aguda embolígena, arteroesclerosis o aneurisma aorta abdominal conocido.

Todas estas preguntas te puede dar la clave diagnóstica.

* Exploración: temperatura y constantes. Valorar siempre los pulsos radiales y femorales de forma bilateral (descartar disección de aneurisma). En abdomen auscultar abdomen por si observáis masa pulsátil.
* Descartar hepatomegalia o esplenomegalia. Signo de Blumberg, típico en apendicitis o peritonitis (irritación peritoneal: presión con los dedos en el abdomen y después soltar rápidamente, acentuarás el dolor abdominal) o Murphy (compresión en hipocondrio derecho dolorosa), típico de colecistitis aguda.
* Ver piel: pancreatitis aguda, infección herpes Zoster
Tacto rectal: descartar fecaloma

Diagnostico

Analítica general: bioquímica con amilasa (pancreatitis aguda), lipasa, bilirrubina con transaminasas (colecistitis aguda o cólico biliar, en función de si hay fiebre y leucocitosis) y sedimento urinario. CPK y troponina si alteraciones en ECG. Hemograma y coagulación. Gasometria venosa si hay afectación importante del estado general. Es importante descartar leucocitosis, elevación de amilasa. Recordad que hay episodios cardiacos isquémicos que debutan con dolor epigástrico.

En pacientes jóvenes con estudios analíticos convencionales normales, ECG, pruebas de imagen (radiografías, ecografía abdomen) todo normal, puede ser de interés solicitar tóxicos en orina, especialmente cocaína, heroína, cañabais, etc. En otras ocasiones, las hormonas tiroideas pueden ser de utilidad.

Radiografía de tórax y abdomen: En esta última, tendremos que descartar neumoperitoneo (presencia de aire en cavidad peritoneal, que equivale a perforación de víscera hueca), conservación de línea de psoas (cuando desaparece presencia de abscesos intrabdominales), megacolon tóxico (enfermedad inflamatoria intestinal, en especial colitis ulcerosa, dilatación marcada de colon transveso, sobre todo), dilatación con niveles hidroaéreos (obstrucción intestinal, valorando a qué nivel puede estar: pedir radiografía de abdomen en bipedestación o si no puede levantarse en decúbito lateral en rayo horizontal), presencia de vólvulo de sigma.

Se puede realizar paracentesis diagnostica si ha habido antecedente de traumatismo abdominal o si un cirrótico presenta dolor abdominal (PBE).

No debemos dejar sin explorar las ingles del paciente, intentando de localizar hernias inguinales, para ver si se reducen o descartar que estén estranguladas.

71

En mujeres: test de gestación o cursar hoja de consulta de Ginecología de urgencias, para que descarte embarazo ectópica u otras causas de dolor abdominal de este origen.

Cuando el paciente tiene típicamente clínica de dolor en fosa renal, que se irradia a fosa iliaca ipsilateral e incluso a su región testicular o ginecológica, acompañado de hematuria microscópica, síndrome emético con radiografía de abdomen sin alteraciones relevante, este cuadro es compatible clínicamente con cólico nefrítico. Cuando sea refractario al tratamiento convencional se deberá realizar una ecografía abdomen para descartar dilatación pielocalicial por una litiasis enclavada en uréter.

Si presencia de vólvulo de sigma, tanto el radiólogo de guardia como el endoscopista de guardia pueden someter en el primer caso a un enema opaco con gastrografin y en el segundo a una colonoscopia izquierda de urgencias preparada con un par de enemas de limpieza, dado el riesgo de perforación en 24-48 horas, que en ambos puede ser terapeútica.
Otras causas más raras pero que debemos no olvidar: púrpura de Schönlein-Henoch, insuficiencia suprarrenal aguda (en especial si dejó de tomar recientemente corticoides de forma brusca, sin reducción de la dosis gradual), crisis hemolíticas, panarteritis nodosa, herpes zoster.

Los pacientes con enfermedad diagnosticada de Crohn presentan crisis de dolor abdominal compatible con crisis suboclusiva como consecuencia de la estenosis inflamatoria y/o fibrótica localizada a nivel ileal. Es importante en estos enfermos valorar la severidad del dolor (si se controla con analgésicos, descartar perforación o presencia de niveles hidroaéreos en la radiografía simple de abdomen, parámetros analítico de actividad inflamatoria (leucocitosis, hiperplaquetosis en hemograma, elevación de fibrinógeno como reactante de fase aguda y fiebre), pues según esto decidiremos si se puede instaurar tratamiento médico y proceder al alta o que tenga que se ingresado para instaurar dieta absoluta y tratamiento parenteral con corticoides intravenosos.

Indicación de TAC o ecografía abdomen

1. Embarazo ectópico.
2. Rotura o disección de aneurisma aorta.
3. Megacolon tóxico en paciente con colitis ulcerosa.
4. Neumoperitoneo o Hemoperitoneo en radiografía abdomen o paracentesis, respectivamente.
5. Peritonitis aguda.
6. Obstrucción intestinal aguda.
7. Sospecha de isquemia mesentérica arterial o venosa.
8. Sospecha de perforación de víscera hueca.

En la mayoría de estos casos anteriormente enunciados, estará indicada la intervención quirúrgica de urgencias.

Si estas no mostrara alteraciones en un paciente con sospecha de crisis suboclusiva (enfermedad de Crohn ileal, sospecha de bridas quirúrgicas en pacientes con antecedentes quirúrgicos o laparotomía previa) es de utilidad la realización de un tránsito intestinal o enema opaco versus colonoscopia.

En pacientes jóvenes, con crisis de dolor abdominal con/sin hemorragia digestiva, puede ser adecuado descartar un divertículo de Meckel. Tendremos que emplear para su diagnostico una gammagrafía con Tecnecio99 marcado.

En casos de sospecha isquemia mesentérica aguda/subaguda que el TAC no muestra signos claros para poder indicar intervención se puede emplear una arteriografía mesentérica y de tronco celiaco.

Tratamiento

En algunos casos ninguna de las pruebas resultaran positivas, el dolor abdominal no habrá cedido con tratamiento sintomático y será preciso una observación evolutiva del enfermo y en otros que el cirujano los valore cuando tengamos sospechas diagnosticas de posible tratamiento quirúrgico.

Dejar a dieta absoluta, sueroterapia intravenosa, analgesia (Pelfalgan 1 gramo cada 8 horas si dolor, Metamizol magnésico 1 ampolla/ 8 horas si no cede) una vez que haya sido valorado por cirugía si el dolor no ha cedido y las pruebas resultan normales. Si dais analgesia podréis camuflar la sintomatología. No podemos olvidar administrar tratamiento con heparinas de bajo peso molecular (Clexane 40 mg/24 horas subcutáneo). Diuresis 24 horas, sacar hemocultivos si fiebre.

En caso de obstrucción intestinal con distensión de asas preestenosis se debe colocar al paciente una sonda nasogástrica de aspiración, pues va a bajar el riesgo de perforación.

También en otros casos como cuando tenemos una pseudoobstrucción intestinal o ileo paralítico puede ser recomendable la colocación de sonda rectal, aplicación de enemas de limpieza cada 8-12 horas y neostigmina intravenosa si el paciente no tiene antecedentes cardiológicos previos, asma, obstrucción intestinal o urinaria. En estos casos, es fundamental descartar trastornos hidroelectrolíticos u hormonales tales como hipo-hipercalcemia, hipo-hipertiroidismo, hipopotasemia, fármacos (mórficos, parches de Durogesic, antidepresivos. El riesgo de perforación es mayor cuando el diámetro en ciego es mayor de 10 cm. y la duración del cuadro es de 1 semana sin respuesta. En otras ocasiones, se puede descomprimir con una colonoscopia en la que se intenta aspirar todo lo posible con mínima insuflación. Se debe añadir al tratamiento procinético como el Primperam iv /8 horas, después de que restringieran la cisaprida, que era muy eficaz, por su cardiotoxicidad. Se puede también utilizar la eritromicina oral por sonda nasogástrica como procinético en la gastroparesia y menos eficaz en la pseudoobstrucción intestinal.

Si existe sospecha de perforación de víscera hueca, peritonitis aguda o sepsis de origen abdominal podemos instaurar tratamiento empírico con Tazocel (Piperazilina-Tazobactam 4/0.5 g/8 horas) intravenoso. Otra opción si es alérgico a penicilinas:

Metronidazol 500 mg/ 8 horas iv + Ciprofloxacino 200-400 mg/12 horas.

En caso de pancreatitis aguda grave con necrosis pancreática mayor 33%, fiebre es Imipenem 500 mg/ 6 horas.

En enfermos con brote de colitis ulcerosa o crisis suboclusiva en enfermos de Crohn ileal: además de corticoides iv a dosis de Urbason 1 mg/Kg., podemos asociar Metronidazol 500 mg/12 horas + Ciprofloxacino 200 mg/12 horas, en especial en brotes severos con fiebre.

En procesos de gastroenteritis aguda, se puede iniciar tratamiento empírico con Ciprofloxacino 200 mg/12 horas iv o Ampicilina 1 gramo iv. cada 8 horas, asociada a sueroterapia y dieta absoluta. En la mayoría de las ocasiones no es preciso la realización de pruebas invasivas como la colonoscopia por resolverse el cuadro clínicamente en varios días.

CAPÍTULO 10

ENFERMEDAD DE CROHN: DIAGNOSTICO Y TRATAMIENTO

Fernando M. Jiménez Macías

Definición

La enfermedad de Crohn es una enfermedad inflamatoria intestinal que se manifiesta clínicamente en forma de:

1. Brotes inflamatorios (aumento del número de deposiciones con/sin productos patológicos y/o fiebre).

2. Crisis suboclusivas (estenosis inflamatoria versus fibrótica en forma de dolor abdominal, generalmente en fosa iliaca derecha, con nauseas o vómitos y en la radiografía presencia o no de niveles hidroaéreos de de asas de intestino delgado.

3. Enfermedad perianal (abscesos, fístulas perianales, fisuras).

4. Enfermedad fistulosa (fístulas entero-entéricas, entero-vaginal, entero-vesical).

5. Procesos infecciosos tales como abscesos intrabdominales (abscesos de psoas, en fosa iliaca derecha, perianales, etc.).

6. Manifestaciones extraintestinales, tales como cólicos nefríticos (nefrolitiasis), anemia hemolítica autoinmune, patología tiroideas autoinmune, hepatitis autoinmune, lesiones cutáneas tales como el pioderma o enfermedad de Sweet, etc.

7. Perforación intestinal, generalmente a nivel ileal (peritonitis aguda).

8. Complicaciones del tratamiento que reciben (pancreatitis por Imurel, reacciones infecciosas relacionadas con tratamiento de Infliximab, etc.).

Es importante tener claro las siguientes definiciones:

Remisión

Disminución o desaparición de los síntomas de la enfermedad.

Recidiva

Reaparición de la sintomatología después de un periodo de inactividad inflamatoria.

Recurrrencia

Reaparición de la enfermedad macroscópica, después de una resección teóricamente curativa.

Corticorrefractariedad

Ausencia de respuesta al tratamiento corticoideo a dosis plenas (1 mg/Kg. iv) durante 10-15 días.

Corticodependencia

Necesidad de corticoides en 2 ocasiones en un periodo de 6 meses o en 3 ocasiones en un periodo de 1 año.

Recidiva que aparece antes del mes de finalizar el tratamiento esteroideo, al ir bajando la dosis de forma gradual de los esteroides con respuesta clínica satisfactoria total o parcial de los síntomas al reintroducirlos.

Clasificación

Es una enfermedad que se distingue de la colitis ulcerosa en que se puede afectar cualquier segmento del tracto digestivo (duodeno, intestino delgado, tracto digestivo superior), mientras que la colitis ulcerosa sólo colon.

La enfermedad de Crohn tiene una afectación transmural (afecta toda la pared intestinal), mientras la colitis ulcerosa (CU) sólo la mucosa. Es discontinua su afectación, mientras que en la CU es en continuidad, desde recto hasta el segmento (dividiéndose en procto-sigmoiditis, colitis izquierdas, pancolitis).

La anatomía patológica es inespecífica en la mayoría de las ocasiones, siendo típico del crohn la presencia de granulomas no caseificantes, aunque su prevalencia no es frecuente.

Otra diferencia es que la enfermedad de Crohn la colectomía no es curativa, y si en cambio lo es en la CU.

Clasificación de Montreal para enfermedad de Crohn (Clasificación de Viena Modificada):

Edad al diagnóstico (A):

A1: menos o igual 16 años.

A2: 17-40 años.

A3: mayores de 40 años.

Localización (L)

L1: ileon terminal. Dolor en fosa iliaca derecha, estenosis ileal, fístulas.

L2: cólica. Asociada habitualmente a enfermedad perianal, sin afectación de recto y manifestaciones articulares

L3: ileo-colónica (40%): debuta en forma de brotes inflamatorios (diarrea, febrícula y dolor abdominal).

L4: tracto digestivo alto (5%): dispepsia o síndrome emético.

También contempla esta clasificación la asociación de las 3 primeras (L1,L2 y L3) a L4 (tracto digestivo alto).

Patrón clínico (B)

B1: patrón inflamatorio. Brotes de actividad.

B2: patrón estenosante u obstructivo. Cuadros suboclusivos.

B3: patrón fistulizante o penetrante. Fístulas intraabdominales o perianales, masas inflamatorias y/o abscesos. Es la más agresiva de los 3.

También contempla esta clasificación de estos 3 patrones (B1, B2 y B3) la asociación a enfermedad perianal (B1p, B2p y B3p).

Otro índice de actividad empleado para la enfermedad de Crohn, que si bien no tiene mucha utilidad práctica, pero sí para estudios de investigación tenemos el score de CDAI (Índice de actividad de la enfermedad de Crohn): incluye los siguientes parámetros: nº de heces liquidas blandas o muy blandas (se multiplica por 2) + dolor abdominal (0 a 3 multiplicado por 5) + Estado general (de 0 bueno a 4 terrible, multiplicado por 7) + otros síntomas asociados (artralgias/artritis; iritis/uveitis; eritema nodoso; pioderma gangrenoso; aftas bucales; fisura anal; fístula o absceso anal; otras fístulas; fiebre), dándose 1 punto a cada uno de ellos y multiplicando la suma total por 20 + toma de antidiarreicos (1 punto) multiplicado por 30 + masa abdominal (de 0 a 5 multiplicado por 10) + hematocrito (47% en varón menos el valor y 42% en mujer menos su valor) multiplicado por 6 + Porcentaje por debajo del peso estándar multiplicado por 1.

La suma de todos ellos da el CDAI, que según su valor se clasifican en:

1. No actividad: CDAI <150 puntos.

2. Actividad leve: CDAI = 150-250 puntos.

3. Actividad moderada: CDAI = 250-350 puntos.

4. Actividad grave: CDAI > 350 puntos.

También existen otros índices de actividad para la enfermedad de Crohn como son el de Harvey (estado general, dolor abdominal, número de deposiciones líquidas diarias, masa abdominal y complicaciones). Si su score es < 6 (leve), si está entre 6-12 puntos (moderada) y si es >12 puntos (grave).

Otro índice de actividad es el de Van Hees, que incluye las siguientes variables (albúmina sérica, masa abdominal, sexo, temperatura, consistencia de heces, resección intestinal previa, lesiones extraintestinales, peso/altura x10). Si su valor es <100 (enfermedad inactiva), 101-149 puntos (brote leve), 151-209 puntos (brote moderado) y >210 puntos (brote grave).

Diagnóstico
* Analítica general: hemograma, coagulación, reactantes de fase aguda (PCR, orosomucoide, VSG, fibrinógeno). Bioquímica básica, renal, hepático, lipídico, pancreático, hidroelectrolítica, perfil proteico-nutricional (proteinograma y albúmina, retinol, vitaminas A, E, prealbúmina). Serología si presenta brote inflamatorio (Salmonella, Yersinia, Campylobacter), Coprocultivos, parásitos en heces y toxina Clostridium Difficille (en especial si estaba tomando antibióticos previamente). Si el paciente va a tomar Imurel (Azatioprina), pedir hemogramas

seriados para descartar leucopenia y amilasemia (riesgo de pancreatitis aguda), marcadores tumorales.

Cuando el paciente vaya a ser sometido a tratamiento con Infliximab, deberá pedirse el protocolo propio (serologia VIH, Mantoux, baciloscopia esputo y orina si alteraciones radiológicas, serologia citomegalovirus, virus Ebstein-Barr, herpes simple o zoster, lúes, autoanticuerpos tales como ANA, AMA, anti-LKM y anti-SMA. También pedir los anti-citoplasmáticos (p-ANCA y c-ANCA) y anti-saccaromyces, test de gestación

* Radiografía de tórax y abdomen.
* Ecografía abdomen para descartar abscesos intrabdominales.
* Si el paciente hubiere tenido antecedentes de abscesos intrabdominales habría solicitar una prueba de imagen como el TAC abdomen y si tuvo abscesos perianales en el contexto de enfermedad fistulosa perianal se recomienda una RMN pélvica para descartar procesos infecciosos activos antes de someter al paciente a tratamiento con Infliximab.
* No está de más solicitar un cultivo del débito purulento o seroso de las fístulas perianales, con su correspondiente antibiograma, dado que muchos pacientes llevan meses o años sometidos a pautas antibióticas del mismo tipo, con posibles resistencias al Ciprofloxacino y Metronidazol, de forma que si estos fuesen sometidos a tratamiento con Infliximab sin evidenciar esto el paciente podría sufrir una complicación séptica grave después.
* Gammagrafía de leucocitos marcados: prueba realizada por el servicio de Medicina Nuclear. Sirve para valorar la localización o extensión de la inflamación intestinal, así como la severidad. La utilidad que tiene esta prueba para la enfermedad de Crohn es determinar si una estenosis ileal responsable de crisis suboclusivas, tiene un componente predominante inflamatorio o fibrótico. Además de los reactantes de fase aguda emplearemos esta técnica para valorar si hay captación inflamatoria del isótopo. Si existiera captación, el paciente se beneficiaría de tratamiento inmunomoduladores, corticoides e Infliximab. En caso de haber captación, la indicación quirúrgica tendría mayor peso que cualquiera de estos tratamientos anteriores, sobre todo si se demuestra corticorrefractariedad.

Tratamiento médico

Lo clasificamos según la gravedad del brote y del tipo de complicación que presente el paciente:

Brote leve de enfermedad de Crohn
No fumar.
Aminosalicilatos (5-ASA): 3-4 gramos /día y/o Budesonida oral durante 1 mes.

* Claversal 500 mg (2 comprimido cada 6 u 8 horas) oral.
* Pentasa sobre 1 gramo (1 sobre cada 6-8 horas).
* Lyxacol 400 mg (2 comprimidos cada 6-8 horas).
*   Budesonida (Entocord capsulas de 3 mg): 9 mg/día vía oral (equivale a 40 mg de Prednisona oral), en especial cuando hay afectación ileal exclusiva.
Si responde suspender budesonida y mantener a dosis de mantenimiento con 5-ASA: 3 gramos al día.

Brote moderado de enfermedad de Crohn: tratamiento ambulatorio.

* Prednisona 1 mg/Kg./ oral durante 2 semanas.
* Omeprazol 20 mg/24 horas.
* Paracetamol 500 mg/8 horas si fiebre.
*   Tratamiento del sobrecrecimiento bacteriano, en especial en patrón estenosante:
    * Ciprofloxacino 500 mg/12 horas.
    * Metronidazol 250 mg/8 horas.
*   Calcio (1-1.5 g/día) + vitamina D (800 U/día): Osviscal D 1 comprimido cada 12 horas.
* No fumar.

Si se produce la remisión, se reducirá progresivamente la dosis de corticoides 5 mg por semana hasta finalmente suspender. Mantener dosis de 5-ASA que estaba realizando previamente.

Si el paciente presentara una reactivación de enfermedad volveríamos a iniciar de nuevo el tratamiento.

Si, por el contrario, podemos decir que el paciente mostrara corticodependencia o corticodependencia, se empleará la Azatioprina (Imurel) a dosis inicial baja (50 mg/día) durante 15-20 días, por si sufre intolerancia gastrointestinal o pancreatitis aguda tóxica, mientras que recibimos el resultado de la enzima TPMT (Tiopurina metil-transferasa), al mismo tiempo que vamos reduciendo la dosis de corticoides. Esta muestra se recoge en tubo heparinizado (EDTA), muestra de 10-20 ml sangre venosa, se puede conservar en la nevera sin congelar (no más de 5 días).

Una vez que recibamos este resultado podremos aumentar la dosis sin riesgo de mielotoxicidad.

Según la actividad de la TPMT, tenemos la dosis de Imurel o Azatioprina correspondiente:

 ➢ < 5 U/ml……….. 0,125 mg/Kg./día
 ➢ 5.1-13.7 U/ml……0.5 mg/Kg./día
 ➢ 13.8-18.0 U/ml….1.5 mg/Kg./día.
 ➢ 18,1-26.0 U/ml….2.5 mg/Kg./día
 ➢ 26.1-40.0 U/ml….3 mg/Kg./día

El incremento del VCM a los 3 meses (3-8 fl) y a los 6 meses (6-8 fl).

El Imurel o azatioprina no está contraindicado en el embarazo, pero yo recomiendo evitarlo en el primer trimestre en que el feto se está formando.

Brote severo de enfermedad de Crohn

Deterioro del estado general, aumento considerable del número de deposiciones con/sin productos patológicos, fiebre, abscesos intrabdominal, leucocitosis severa con elevación de restos de reactantes de fase aguda. Crisis suboclusiva con dilatación de asas de delgado y síndrome emético. En estas condiciones habrá que ingresar al paciente.

* Dieta absoluta. No fumar.
* Control de constantes vitales: temperatura, tensión arterial, diuresis 24 horas.
* Urbason 1 mg/Kg./día intravenoso.
* Clexane 40 mg/sc./24 horas.
* Paracetamol o Metamizol magnésico 1 ampolla/8 horas si fiebre.
* Hemocultivos si fiebre.
* Primperam 1 ampolla iv/8 horas si nauseas o vómitos.
* Ciprofloxacino 200 mg iv/12 horas.
* Metronidazol 500 mg/ 8 horas iv.
* Coger vía central para iniciar nutrición parenteral total. Mientras que se establece ésta, se pondrá nutrición parenteral periférica (Isoplasmal G o Intrafusin 1000 cc/24 horas).

Si tras 14 días de tratamiento esteroideo iv a dosis plenas no hay remisión, si no existe contraindicación para Infliximab, se aplicará una dosis de 5 m/Kg./ iv. (vial de 100 mg). Cada vial se reconstituye con 10 ml de agua destilada estéril y se deja reposar durante 5 minutos.

➤ Para un paciente de 70 Kg. de peso, precisaremos 350 mg de Infliximab (4 viales), que se reconstituirán con 35 cc de agua destilada estéril. Los 3 viales y medio reconstituidos con los 35 cc de agua destilada estéril se preparan con 250 cc de suero fisiológico y se aplicará en bomba de perfusión durante 2-4 horas, con una observación posterior durante 2 horas.
➤ Para un paciente de 50 Kg., se requieren 250 mg de Infliximab (3 viales), que se reconstituyen con 25 cc de agua destilada estéril.
➤ Para un paciente de 60 Kg. de peso, se requieren 295 mg de Infliximab (3 viales, con 29.5 cc de agua destilada estéril.
➤ Para un paciente de 80 Kg. de peso, se requieren 400 mg de Infliximab (4 viales), con necesidad de 40 cc de reconstituyente de agua destilada estéril.

Para su administración se recomienda poner antes de la administración: Hidrocortisona 200 mg iv y Polaramine 4 mg oral o Atarax, previamente a la administración del Infliximab.

Hay que controlar las constantes vitales (temperatura, tensión arterial y frecuencia cardiaca horaria durante toda la administración y después de finalizada.

Si el paciente se hipotensara se administrará sueroterapia, Elohes, incluso adrenalina diluida subcutánea.

El tratamiento de Infliximab está contraindicado en embarazadas.

Si el paciente ha respondido satisfactoriamente con Infliximab podemos tratarlo con Infliximab cada 2 meses a la dosis de 5 mg/kg. Si comenzáramos a observar que no responde como al principio podemos duplicar la dosis a 10 mg/kg. Es recomendable que en todo momento el paciente que se encuentra en tratamiento de mantenimiento con Infliximab, si no existe contraindicación para tomar Azatioprina pues la reciba también, pues baja la incidencia de aparición de anticuerpos anti-infliximab.

Si hay un fracaso en el brote severo de la Enfermedad de Crohn con Remicade, se puede intentar una terapia de rescate con Metrotexate.

Dosis de inducción de Metrotexate (vial de 50 mg): 25 mg intramuscular o subcutáneo semanal + 1 comprimido de Acfol/diario. Durante 3-4 meses.

Dosis de mantenimiento de Metrotexate (comprimidos de 2.5 mg): 7.5-15 mg/ semanales de Metrotexate. Si la dosis es de 7.5 mg/semana: 1 comprimido oral lunes, miércoles y sábado. Si la dosis es la de 15 mg: 1 comprimido de metrotexate oral todos los días de la semana, excepto el domingo, por ejemplo.

Efecto secundario más importante: toxicidad hepática. Está contraindicado en el embarazo y lactancia. Hacer bioquímica hepática cada 3 meses y biopsia hepática a los 2 años o si se altera la bioquímica hepática, habiendo descartado otras etiologías.

Si fracasa estas dos opciones médicas, la opción que no quedará será el tratamiento quirúrgico, en especial en las estenosis ileales con reactantes inflamatorios normales (VSG, PCR, orosomucoide) y en especial cuando la gammagrafía con leucocitos marcados resulta negativa para captación inflamatoria. Cuando esto ocurra las posibilidades de obtener una remisión de la enfermedad son muy bajas con el tratamiento médico.

Abscesos intrabdominales

Los abscesos intrabdominales mayores de 2.5 cm. se tratarán con drenaje percutáneo con control de ecografía o TAC + tratamiento antibiótico con Tazocel 4/0.5 g iv/8 horas hasta resolución del mismo + dieta absoluta con nutrición parenteral total. Si se resuelven se seguirán con tratamiento antibiótico en función del antibiograma del exudado purulento obtenido.

Si son pequeños, menores de 2,5 cm. se puede intentar tratamiento antibiótico con Tazocel 4/0.5 g iv/8 horas durante 1-2 semanas con control de pruebas de imagen (RMN o ecografía abdomen evolutivas) para no irradiar en exceso al paciente y ver si se han resuelto.

Ya ambulatoriamente el paciente puede seguir tratándose, salvo resistencia a nivel de exudado purulento obtenido con Ciprofloxacino 500 mg/12 horas y Metronidazol 250 mg/8 horas oral.

Si no se consigue resolución del absceso intrabdominal, se indicará cirugía con drenaje + resección sin anastomosis en el ingreso y 3 meses más tarde cirugía electiva con reconstrucción de tránsito intestinal.

Enfermedad perianal
Las pruebas diagnosticas de elección para su estudio son la resonancia magnética de pelvis y la ecoendoscopia endoanal.

Las fístulas se clasifican en fístulas simples y complejas.

Hay 3 tipos de fístulas simples: superficiales, interesfinterianas y transesfinterianas bajas. El tratamiento de estas fístulas sin proctitis es la fistulotomia.

Si además de una fístula simple existe proctitis se tratarán con tratamiento antibiótico (metronidazol 10-20 mg/Kg./día + ciprofloxacino 500 mg/12 horas hasta 6 meses, mesalazina 3 gramos al día, cortenemas 1 aplicación cada 24 horas por la mañana + colocación de sedal por el servicio de cirugía durante 1 mes.

Pasado ese mes si no existe remisión: iniciar tratamiento con Azatioprina e Infliximab a dosis de 5m/Kg. iv. durante las semanas 0,2 y 6.

Si responde se puede mantener la azatioprina de mantenimiento + fistulotomia quirúrgica.

Si no respondiera se podría intentar duplicar la dosis de Infliximab.

La fístulas complejas son 4: transesfinterianas altas, supraesfinterianas, extraesfinteriana y múltiples orificios perianales.

Independiente de que el paciente tenga proctitis o no, en las fístulas complejas, el tratamiento es antibioterapia + colocación de sedal + Infliximab iv durante semanas 0,2 y 6 + Azatioprina.

Si se produce la remisión, mantendremos al paciente con retratamientos cada 2 meses con Infliximab (uso compasivo) + Azatioprina + fistulectomia.

Si no se produce remisión o fracasa pauta anterior, la indicación quirúrgica de proctectomia + ileostomía.

Embarazo y lactancia en la enfermedad inflamatoria intestinal

Están contraindicados en la gestación: Metronidazol, Fortasec, Metrotexate, Ciprofloxacino, Ciclosporina e Infliximab, así como el tabaco.

Están contraindicados en la lactancia: Fortasec, Metronidazol, ciprofloxacino, ciclosporina, metrotexate, azatioprina e infliximab, así como el tabaco.

CAPÍTULO 11

COLITIS ULCEROSA: DIAGNOSTICO Y TRATAMIENTO

Fernando M. Jiménez Macías

Definición

La colitis ulcerosa es una enfermedad inflamatoria intestinal en la que se afecta exclusivamente el colon en continuidad, con afectación de sólo la mucosa y en la cual la colectomía es el único tratamiento curativo.

Existe una batería de pruebas diagnosticas para su estudio, destacando la colonoscopia y la gammagrafía de leucocitos marcados, así como la radiografía de abdomen, ecografía abdomen y TAC.

Los tratamientos actualmente aceptados van desde la mesalazina, corticoides, ciclosporina, azatioprina y la colectomía. Actualmente está ensayándose el tratamiento con Infliximab el brote severo de colitis ulcerosa.

Clasificación

Clasificación de Montreal de la colitis ulcerosa

* Según la extensión (E):

E1: proctitis ulcerosa: afectación rectal.

E2: colitis izquierda: hasta ángulo esplénico.

E3: colitis extensa: supera ángulo esplénico.

* Según la gravedad (S):

S0: Remisión de la colitis.

S1: colitis leve, según índice de actividad de Truelove-Witts.

S2: colitis moderada, según índice de actividad de Truelove-Witts.

S3: colitis grave, según el índice de actividad de Truelove-Witts.

Índice de Truelove-Witts

Leve:

Menos de 4 deposiciones con sangre.

Afebril.
Frecuencia cardiaca normal.
No anemia.
VSG < 15 mm/hora.
Ausencia de toxicidad sistémica.

Moderado
4-6 deposiciones con sangre.
Febrícula.
Frecuencia cardiaca 80-100 latidos por minuto.
Hb. 10-12 g/dl.
VSG 15-30 mm/hora.
Toxicidad sistémica leve.

Grave
Más de 6 deposiciones con sangre.
Fiebre.
Taquicardia.
Hb. < 10 g/dl.
VSG > 30 mm/hora.
Toxicidad sistémica moderada a grave.

Diagnóstico

Para su diagnostico emplearemos las siguientes pruebas:
* Analítica general: bioquímica básica, hepática, renal, lipídico, pancreático, reactantes de fase aguda (incluyendo el orosomucoide), serologia salmonella, Yersinia, Campylobacter, coprocultivos, toxina Clostridium Difficile, en especial cuando tome antibióticos, proteinograma, perfil proteico-nutricional, marcadores tumorales, en especial el antígeno carcinoembrionario (CEA).

* Radiografía de tórax y abdomen, así como ECG.

* Ecografía abdomen.

* Enema opaco o colonoscopia: si el paciente presenta un brote moderado-severo, lo ideal es solicitar una colonoscopia izquierda, ante el riesgo de yatrogenia por reactivación de su enfermedad. Ya habrá tiempo de revisar el colon entero cuando exista remisión del brote. Se deberá pedir biopsias para estudio anatomo-patológico y si el brote es moderado o severo, se deberá solicitar al anatomopatólogo que descarte en el estudio histológico inclusiones citoplasmáticas para citomegalovirus (CMV), causa ocasional de fracaso del tratamiento médico en la colitis ulcerosa.

* Gammagrafía de leucocitos marcados: ideal para estudiar la severidad y la extensión de la enfermedad en brotes moderado-graves y sospecha de pancolitis.

* TAC abdomen con contraste oral con gastrografin e intravenoso: cuando sospechemos perforación de víscera hueca, peritonitis aguda o megacolón toxico, si hay sospecha en la radiografía simple de abdomen.

Tratamiento de la colitis ulcerosa

Brote leve

Proctitis o Proctosigmoiditis ulcerosa o colitis izquierda:
* Supositorios de mesalazina: 1 unidad cada 8-12 horas
* Espuma de mesalazina (Claversal espuma 1 aplicación cada 24 horas).
* Enemas de mesalazina (Enemas de Pentasa 1 aplicación cada 24 horas).
* Mesalazina 4 gramos al día (Pentasa 1 sobre cada 6 horas o Claversal 3-2-2 comprimidos en 24 horas)

Tratamiento de mantenimiento si remisión: Pentasa 1 sobre cada 8 horas o Claversal 1 comprimido cada 8 horas.

Brote moderado

* Prednisona 0,75-1 mg/Kg./día (Prednisona 40-60 mg/día) durante **2 semanas** + Enemas de Pentasa o espuma de Claversal.

* Pentasa 1 sobre cada 6 horas o Claversal comprimidos 2 cada 8 horas.
* Omeprazol 20 mg/24 horas.
* Calcio + vitamina D (Osviscal D 1 comprimido cada 12 horas).
* Si fiebre o febrícula con productos patológicos puede darse: antibióticos como Rifaximina 200 mg/ 8 horas durante 3 días o la asociación entre ciprofloxacino 500 mg/12 horas y Metronidazol 250 mg/8 horas.
* Para febrícula, paracetamol 500 mg/8 horas o metamizol magnésico cada 8 horas.

Si el paciente con brote moderado de colitis ulcerosa, presenta la remisión se mantendrá con mesalazina oral de mantenimiento (igual que en brote leve) y se reducirá progresivamente la dosis de esteroides a 5 mg/semana hasta finalmente suspender.

Si tras 4 semanas de tratamiento el paciente no responde, se considerará el brote como severo o grave.

Brote grave de colitis ulcerosa

* Hospitalización.
* Control de constantes: temperatura, frecuencia cardiaca, tensión arterial, diuresis 24 horas.
* Vía central o dos vías periféricas, una para sueroterapia y transfusión de sangre y otra para farmacoterapia parenteral.
* Hemocultivos si fiebre.
* Vigilar número y aspecto de deposiciones (apuntar en gráfica).
* Contactar con el servicio de Nutrición para iniciar nutrición parenteral total.
* Dieta absoluta.
* Urbason 60-40 mg iv por la mañana cada 24 horas.
* Pantoprazol iv/24 horas u Omeprazol 20 mg/12horas iv.
* Clexane 40-20 mg/sc/24 horas.
* Paracetamol 1 gramo iv/ 8 horas o Metamizol magnésico cada 8 horas diluido y lento en 100cc de suero fisiológico si fiebre o dolor abdominal.

*   Antibioterapia: Ciprofloxacino 400 mg/12 horas + metronidazol 500 mg iv/ 8 horas. En caso de megacolon toxico o riesgo vital: Tazocel 4/0.5 g/iv/ 8 horas o Tavanic 500 mg/ 24 horas iv.

Si el tratamiento instaurado durante 1 semana no se consigue la remisión, una vez descartada la sobreinfección en la biopsias de recto-sigma + serología para CMV negativa, se debe intentar la **ciclosporina (Sandimmum, viales de 1 y 5 ml; cada vial 1 ml= 50 mg.),** a dosis 4 mg/Kg./día intravenoso diaria, solicitada mediante uso compasivo, con controles séricos de ésta que debe oscilar entre 200-300.

Un paciente de 70 Kg. de peso, le corresponderá 280 mg de ciclosporina iv diaria (1 vial de 5m + 1/2 vial de 1 ml) se diluirá en 100 cc de suero fisiológico en perfusión continua.

Si el paciente tiene tolerancia oral, se puede emplear el **Sandimmum neoral**. Su dosis de inducción es el doble de la iv: 8 mg/Kg./día repartidas en dos tomas, la mayor por la noche. La dosis total que requerirá un paciente de 70 Kg. de peso, de ciclosporina neoral será 560 mg/día (200 mg por la mañana, es decir, 2 comprimidos de 100 mg y 360 mg por la noche, es decir, 3 comprimidos de 100 mg y 1 comprimido de 50 mg).

Si el paciente presentara sobreinfección por CMV, se instaurará tratamiento con Ganciclovir (5 mg/Kg./12 horas intravenoso) durante 3 semanas. Una vez el estado general del paciente mejore, así como la diarrea y el paciente inicie tratamiento dietético oral, podemos continuar con Ganciclovir oral a dosis de 900 mg/12 horas durante 3 semanas más (total del tratamiento 1,5 mes).

Si el paciente presentara mielotoxicidad secundaria a Ganciclovir, se podría emplear Foscarnet 90 mg/ Kg./ 12 horas intravenoso.

Si tras un tratamiento con ciclosporina iv o neoral durante 1 semana, el paciente no respondiera se puede emplear el Infliximab como uso compasivo mientras no esté aceptado por la FDA o bien la colectomía total.

El megacolon toxico es la dilatación de colon transverso de más de 6 cm. y pérdida de haustración. Si no responde a tratamiento médico intensivo, estaría indicado la colectomía total.

La presencia de estenosis colónica se pueden tratar con dilataciones endoscópicas con balón neumático.

Los pacientes que lleven al menos 10 años de enfermedad, en especial si tuvo una pancolitis (afectación de todo el colon) estará indicado el estudio de displasia, con necesidad de una colonoscopia completa para toma de biopsias múltiples en los diferentes segmentos.

CAPÍTULO 12

PROCESO ASISTENCIAL CÁNCER COLORRECTAL: SCREENING Y SEGUIMIENTO

Fernando M. Jiménez Macías

Definiciones

El cáncer de colorrectal (CCR) es la segunda causa más frecuente de cáncer en hombre, después del de pulmón, y de cáncer en la mujer, después del de mama. Su cribado es fundamental dado que el riesgo acumulativo de padecerlo a lo largo de la vida de una persona sin factores de riesgo ni historia familiar es de un 6 %. El 60-90% de los cánceres colorrectales se desarrollan sobre adenomas preexistentes.

En los programas de cribado o screening es fundamental establecer las siguientes líneas:

> ➤ Ofertar cribado de cáncer colorrectal a la población general.

> ➤ Ofertar cribado de cáncer colorrectal a la población con historia familiar.

> ➤ Ofertar cribado a grupos de alto riesgo de cáncer colorrectal: a familiares y pacientes con Poliposis Adenomatosa Familiar (PAF), Cáncer hereditario familiar no asociado a poliposis (CCHNP) y a enfermos con enfermedad inflamatoria intestinal.

> ➤ Ofertar seguimiento a pacientes diagnosticados con cáncer colorrectal.

> ➤ Ofertar seguimiento a pacientes con antecedentes de pólipos adenomatosos.

1) Ofertar cribado de cáncer colorrectal a la población general:

* Persona < 50 años, sin historia familiar de CCR ni pólipos, ni otros factores de riesgo:

No cribado hasta cumplir los 50 años.

* Persona con 50 años o más, sin historia familiar de cáncer colorrectal ni pólipos, ni otros factores de riesgo: alguna de estas opciones.

➢ Sangre oculta en heces (SOH): anual.

➢ Sigmoidoscopia: cada 5 años.

➢ Asociación de SOH + Sigmoidoscopia: cada 5 años.

➢ Enema opaco con doble contraste: cada 5 años.

➢ Colonoscopia completa: cada 10 años.

2) Ofertar cribado de cáncer colorrectal a la población con historia familiar

Tenemos que clasificar a los familiares en:

* *Primer grado*: padres, hermanos o hijos.

* *Segundo grado:* tíos y abuelos.

* *Tercer grado:* primos y bisabuelos.

Aquí la edad que se toma como referencia cuando hay historia familiar es la de 60 años.

* *Familiar con 60 años o más, de 1º grado (padre, hermano o hijo), con CCR o pólipos adenomatosos:*

Inicio screening: 40 años.

Colonoscopia cada 10 años.

* *Dos familiares de 2º grado (abuelos o tíos) con CCR a cualquier edad:*

Inicio screening: 40 años.

Colonoscopia cada 10 años.

---

* *Familiar <60 años de 1º grado (padre, hermano o hijo) diagnosticado de CCR o pólipo adenomatoso:*

Inicio de screening: 40 años o 10 años antes del familiar afecto más joven .

Colonoscopia cada 5 años.

* *Dos o más familiares de 1° grado (padres, hermanos o hijos)* con CCR:

Inicio de screening: 40 años o 10 años antes del familiar afecto más joven.

Colonoscopia cada 5 años.

* *Familiar de 2° grado (abuelo o tío) o 3° grado (primo o bisabuelo) a cualquier edad:*

Como la población general: inicio a los 50 años con colonoscopia cada 10 años.

---

3) Ofertar cribado a grupos de alto riesgo de cáncer colorrectal:

➤ Familiares y pacientes con Poliposis Adenomatosa Familiar (PAF)

➤ Cáncer hereditario familiar no asociado a poliposis (CCHNP)

➤ Enfermos con enfermedad inflamatoria intestinal.

3.A) Familiares y pacientes con Poliposis Adenomatosa Familiar (PAF)

La PAF es una enfermedad autosómica dominante con mutaciones en el gen APC. Los pacientes afectos tienen >100 pólipos adenomatosos en todo el colon. Es posible realizar un test genético en el caso índice o primer paciente afecto. Si se confirma se podrá realizar el test genético a los familiares en riesgo (padres, hermanos e hijos). El riesgo de desarrollar CCR en pacientes portadores de este gen es prácticamente 100 %.

En otras ocasiones, bien por fallecimiento del familiar, no aceptación a realizarse el test genético o porque no se confirma la existencia de la mutación responsable (ausencia del test genético), los familiares en riesgo no pueden beneficiarse de él. En otros casos, sí es posible contar con él, permitiendo dar de alta definitiva a paciente.

Hacer test genético mutación gen APC: a los 10-12 años de edad.

Ausencia de test genético de la PAF:

* Inicio screening PAF: 10-12 años de edad.

* Sigmoidoscopia cada 2 años hasta los 40 años.

* Sigmoidoscopia cada 5 años: desde los 40 a los 60 años.

* Paciente con PAF confirmada endoscopicamente:

> ➢ Colectomía subtotal + anastomosis ileo-rectal: rectoscopia del muñón rectal cada 6-12 meses + AINE o Celecoxib.

> ➢ Proctocolectomia con reservorio ileal + anastomosis ileo-anal: revisión endoscópica cada 2-3 años.

> ➢ Ecografía hepática + alfafetoproteina anual: primera década de vida (descartar hepatoblastoma).

> ➢ Ecografía abdomen anual: a partir 20 años (descartar cáncer de páncreas).

> ➢ Ecografía de tiroides anual o bienal: a partir de 10-12 años (descartar cáncer de tiroides.

> ➢ TAC o RMN de cráneo periódico: familiar afecto de cáncer SNC

> ➢ Endoscopia oral cada 1-3 años: a partir de la colectomía o desde los 20 años (descartar cáncer gástrico, duodenal o periampular). Si adenomas periampulares en estadio III –IV (score 9-12) de la clasificación Spigelman, el seguimiento se realizará cada 6-12 meses.

Clasificación de Spigelman de los adenomas duodenales en la PAF

Nº pólipos: 1-4.	
Tamaño: 1-4 mm.	1 punto
Histología tubular.	
Displasia leve	

Nº pólipos: 5-20.

Tamaño: 0,5-1 cm.

Histología tubulo-vellosa. } 2 puntos

Displasia moderada

Nº pólipos > 20.

Tamaño >1 cm.

Histología velloso. } 3 puntos

Displasia severa

Estadio I: 1-4 puntos.

Estadio II: 5-6 puntos.

Estadio III: 7-8 puntos.

Estadio IV: 9-12 puntos.

Si test genético del paciente afecto a los 10-12 años de edad es positivo para mutación gen APC:

A todos los familiares en riesgo del caso índice (padres, hermanos e hijos) se les ofertará la realización del test genético.

Aquellos familiares en riesgo que no presenten la mutación se les dará el alta definitiva.

Familiares con test genético (+): cribado igual que en los que no se dispone del test genético o colectomía. Es decir, o se somete a la colectomía o se somete al programa de screening endoscópico establecido (sigmoidoscopia a partir de los 10-12 años anual hasta demostrar poliposis en la endoscopia). Ya con el diagnostico endoscópico de PAF + test genético (+) para el gen APC, indicar la colectomía subtotal y revisión endoscópica del muñón cada 6-12 meses.

3.B) Cáncer hereditario familiar no asociado a poliposis (CCHNP)

Predominio proximal de las lesiones.

Aumento del riesgo de CCR a los 21 años y es muy alto a los 40 años.

Enfermedad hereditaria autosómica dominante en la que se producen mutaciones en los genes encargados de la reparación del ADN (gen hMSH2 y hMLH1). El riesgo de desarrollar CCR en los pacientes portadores de este gen es del 70-80 %.

*Criterios clínicos de **Ámsterdam I** para CCHNP*

> ➤ 3 o más familiares afecto de CCR, uno de ellos de 1° grado (padre, hermano o hijo).

> ➤ 2 o más generaciones sucesivas afectas.

> ➤ 1 o más familiares con CCR diagnosticados con < 50 años.

> ➤ No se trate de una PAF.

*Criterios clínicos de **Ámsterdam II** para CCHNP*

> ➤ 3 o más familiares con CCR o neoplasia extracolónica (cáncer de endometrio, intestino delgado, uréter o pelvis renal).

> ➤ 2 o más generaciones sucesivas afectas.

> ➤ 1 o más familiares con CCR diagnosticados con < 50 años.

> ➤ No se trate de una PAF.

Criterios de Bethesda modificados

> ➤ CCR pertenecientes a familias CCHNP.

> ➤ Pacientes con 2 neoplasias (CCR síncrono o metacrónico, cáncer endometrio, ovario, gástrico, hepatobiliar, intestino delgado, uréter o pelvis renal).

➤ Paciente con CCR y 1 familiar de 1º grado (padre, hermano o hijo) con CCR o neoplasia extracolónica diagnosticados con < 50 años, o bien adenoma diagnosticado con < 40 años.

➤ Paciente con CCR diagnosticado con < 50 años.

➤ Mujer con cáncer de endometrio diagnosticado con < 50 años.

➤ Persona con CCR < 50 años en colon derecho histológicamente indiferenciado.

➤ CCR < 50 años, en anillo de sello (>50% células en anillo de sello) .

➤ Adenoma colorrectal diagnosticado < 40 años.

Cuando se diagnostique a una persona afecta por una CCHNP:

1. Colectomía subtotal + anastomosis ileo-rectal.

2. Revisión endoscópica del muñón rectal: anual.

3. Se le propondrá al paciente si desea realizarse el test genético MLH/MSD, por si se pudiera encontrar la mutación responsable y si es así ofertar la realización de dicho test genético al resto de componentes de la familia en riesgo.

Si el test genético no permite hallar la mutación responsable o se niega a realizarse el test, no podremos beneficiar a sus familiares con el test genético. Se les ofertará, por tanto, a sus familiares en riesgo la incorporación al cribado correspondiente:

* Inicio de screening a sus familiares: 21 años.

* Colonoscopia total bianual hasta los 40 años.

* Colonoscopia total anual a partir de los 40 años.

Una vez hallada la mutación responsable, si el test genético realizado a sus familiares resultara negativo: serían alta definitiva.

Sólo aquellos en los que el test genético resultara positivo para la mutación se someterían al cribado anterior.

3.C) Enfermos con enfermedad inflamatoria intestinal

Los pacientes con colitis ulcerosa y enfermedad de Crohn con afectación colónica:

* Pancolitis: colonoscopia total a los 8 años de enfermedad + biopsias para displasia.

* Colitis izquierda: colonoscopia a los 12-15 años de enfermedad.

Seguimiento: colonoscopia cada 2 años y anual si presencia de colangitis esclerosante.

4) Ofertar seguimiento a pacientes diagnosticados CCR.
Hacemos referencia al manual del proceso asistencial CCR en el SAS.

Sospecha de CCR:

-Rectorragia con alteración del hábito intestinal, diarrea y/o aumento de la frecuencia defecatoria persistente más de seis semanas, en cualquier edad.
- Alteración del hábito intestinal, diarrea y/o aumento de la frecuencia defecatoria, sin rectorragia, persistente más de seis semanas, en personas de más de sesenta años.
- Rectorragia persistente sin síntomas anales (prurito, disconfort, hemorroides, proctalgia, fisura, prolapso), en personas de más de sesenta años.
- Masa palpable en fosa ilíaca derecha, en cualquier edad.
- Masa palpable en recto, en cualquier edad.
- Anemia inexplicada por debajo de 11 g/dl. de Hb. en hombres, en cualquier edad.

- Anemia inexplicada por debajo de 10 g/dl. de Hb. en mujeres postmenopáusicas.
En todos estos casos el digestivo o cirujano no deberá tardar más de 14 días en ver al paciente.

- Tacto rectal positivo (cirujano o digestivo tardará en verlo 10 días como mucho).

Cáncer de colon: aquel que se localiza más allá de los 15 cm. respecto al margen anal.

Cáncer de recto: aquel que está localizado a 15 cm. o menos de margen anal.
Diagnostico: desde el diagnostico del CCR hasta la intervención quirúrgica no debe superar 1 mes.

* Colonoscopia con toma de biopsia.
* Estudio de extensión: CEA, TAC abdomen (cáncer de colon) y TAC abdomen y pelvis (cáncer de recto), ecografía endoanal.

Una vez diagnosticado al paciente con CCR, el cirujano no debería tardar más de 1 semana en valorarlo, quien decidirá que pacientes deben ser tratados con radioterapia preoperatoria (cáncer de recto estadio II del TNM: T3 y T4) y (cáncer de recto estadio III del TNM: Tx N1 o Tx N2) y cuales no son candidatos a tratamiento quirúrgico, siendo remitidos al Oncólogo médico.
Una vez establecida la indicación quirúrgica la demora para ser intervenido no superará los 15 días.
El oncólogo radioterápico no tardará más de 1 semana en valorarlo. Según el estadiaje TNM del cáncer de recto, aplicará una radioterapia preoperatoria de un tipo u otro:

* Si es un T3 pequeño o N1 o N2: esquema terapéutico corto (5 Gy x 5) o radioquimioterapia preoperatoria (45-50 Gy + 5-Fluorouracilo en perfusión continua).
* En T3 y T4 muy voluminosos: radioquimioterapia preoperatoria, siendo enviado al cirujano el informe correspondiente en < 48 horas.

Estadiaje TNM del CCR

Estadio 0:

Carcinoma in situ (intraepitelial) o invasión de la lámina propia (intramucoso), sin extensión a través de la muscular de la mucosa hacia la submucosa.

Estadio I:

T1 N0 M0 o (A de Dukes): invade submucosa.
T2 N0 M0: invade muscular propia.

Estadio II:

T3 N0 M0 o (B de Dukes): invade a través de la muscular propia la subserosa o tejido pericólico o perirrectal no peritonializado.

T4 N0 M0: perforación de peritoneo visceral o invade otros órganos o estructuras.

Estadio III

Cualquier grado de perforación de la pared intestinal + afectación ganglionar regional.

Tx N1 M0 (C de Dukes): metástasis en 1-3 ganglios linfáticos regionales.

Tx N2 M0: metástasis en 4 o más ganglios linfáticos regionales.

Estadio IV (Tx Nx M1)= Estadio D de Dukes

Cualquier invasión de la pared intestinal con metástasis en ganglios linfáticos o sin ella, pero con evidencia de metástasis a distancia.

Clasificación de Dukes (modificada por Astler-Coller)

Estadio A: Mucosa.

Estadio B1: Invade muscular propia, sin excederla.

Estadio B2: Invade serosa.

Estadio C1: invade muscular propia + Nx
N
Estadio C2: invade serosa + Nx.

Estadio D1: invasión de estructuras adyacentes.

Estadio D2: metástasis a distancia.

Desde que se establece la indicación quirúrgica, el estudio preanestésico estará realizado en menos de 1 semana y con el consentimiento informado firmado.
Los requisitos preoperatorios son:

> ➢ Preparación colónica el día anterior hospitalizado.
> ➢ Profilaxis antibiótica en una única dosis durante la inducción anestésica.
> ➢ Profilaxis tromboembólica la noche anterior a la cirugía.
> ➢ Reserva de sangre cruzada.

La escisión endoanal es curativa en T1 bien o moderadamente diferenciados.

El informe de alta del cirujano contará con los siguientes apartados:

- Antecedentes personales y familiares relacionados con factores de riesgo para CCR.
- Diagnóstico principal, diagnósticos secundarios, comorbilidades y complicaciones.
- Tratamiento neoadyuvante si fuese necesario, técnica quirúrgica empleada, distancia de anastomosis al margen anal. Estadificación preoperatoria y post-operatoria.
- Informe de Anatomía Patológica con indicación de la profundidad de la extensión en pared pT, número de ganglios

analizados y afectados pN y afectación de márgenes terminales y radiales en caso de cáncer de recto.

- Necesidad de tratamiento adyuvante post-operatorio.

Tratamiento quimioterápico en el CCR

El oncólogo médico prescribirá *5-Fluorouracilo modulado + Leucovorin en un periodo de 6-8 semanas después de la intervención quirúrgica en los siguientes casos:*

* Cáncer de colon en estadio II (invade subserosa o pericólico) con alto riesgo de recidiva: T4 (perfora además peritoneo visceral o infiltra otros órganos); perforación; obstrucción; histología indiferenciada; invasión neural.
* Cáncer de colon en estadio III (afectación ganglios regionales, independiente del grado de invasión)
* Cáncer de recto en estadio II (invade más de la muscular propia) y estadio III (afectación ganglionar):

Seguimiento del CCR intervenido

Digestivo:

➤ Si la colonoscopia preoperatoria fue incompleta, deberá realizarse una nueva colonoscopia en los primeros 6 primeros meses desde que el paciente fue intervenido.
   (Colonoscopia preoperatoria incompleta: a los 6 meses)

➤ Si la colonoscopia preoperatoria fue completa y no mostró más lesiones polipoideas, se repetirá al año de la intervención.

➤ Si en la primera colonoscopia postoperatoria no se hayan pólipos se repetirá a los 3 años y, posteriormente, cada 5 años hasta los 70-75 años de edad del paciente.
   (1ª Colonoscopia postoperatoria normal: colonoscopia a los 3 años y después cada 5 años).

Médico de Atención Primaria

Debe seguir a los estadios II sin factores de riesgo (invade subserosa o pericólico o perirrectal) que **NO** sean T4 (perforación de peritoneo visceral o infiltración de otros órganos), no hubiesen sufrido perforación, obstrucción, no presentara histología indiferenciada o invasión neural y que por tanto no habían recibido tratamiento quimioterápico.

El médico de familia determinará el Antígeno Carcinoembrionario (CEA) trimestralmente durante 3 años. Cada año será valorado por el Cirujano con estos valores del CEA, quien solicitará un TAC anual de control.

Pasado estos 3 años, se le determinará el CEA anualmente durante 2 años más y será valorado por Cirugía cada año, aportando este control analítico.

Si en alguno de esos controles el CEA > 5 ng/ml, lo repetirá al mes y si se mantiene elevado se remitirá con carácter preferente a la consulta de Cirugía, para descartar recidiva.

Una vez el oncólogo médico consiga la remisión de los CCR en estadio II con factores de riesgo y estadio III, lo remitirá al cirujano para que lo revise anualmente durante 5 años.

Pacientes operados de cáncer de recto (Estadio II y III) serán seguidos por el cirujano, quien realizará:

- Control de resultado quirúrgico precoz al mes del alta hospitalaria.
- Solicitud de CEA trimestralmente durante 3 primeros años y, anualmente, dos años más.
- Evaluación cada 6 meses durante los 3 primeros años desde la intervención, realizando rectoscopia rígida y, opcionalmente, ecografía endorrectal o endovaginal.
- Evaluación anual durante cinco años, tras ser remitido por Oncología. TC y Rx. de tórax anual.

Se realizará un PET (Tomografía por emisión de positrones):

- Cuando exista elevación de CEA sin fuente conocida.
- Cuando se sospeche recidiva y las imágenes obtenidas por otras técnicas no sean concluyentes (TC, ecografía, RM, endoscopia).
- Para la re-estadificación prequirúrgica en pacientes con CCR recurrente candidatos a cirugía de rescate.

5) Ofertar seguimiento a pacientes con antecedentes de pólipos adenomatosos

Pacientes sin historia familiar de CCR con pólipos adenomatosos tubulares, en número inferior a 3, < 1 cm., con displasia leve o moderada:

1º) Colonoscopias necesarias hasta que no queden pólipos.

2º) Colonoscopia total cada 5 años.

Pacientes con adenomas de riesgo (adenomas tubulares >1 cm. o vellositarios de cualquier tamaño o con displasia de alto grado o carcinoma in situ o con múltiples adenomas:

1º) Colonoscopias necesarias hasta que no queden pólipos.

2º) Colonoscopia total cada 3 años.

Pólipos sesil velloso extenso tratado endoscopicamente:

1º) Revisión 3-6 meses.

2º) Si no se consigue tras 2 intentos: marcaje con tinta china y establecer indicación quirúrgica. Si se consigue resecar colonoscopia total cada 3 años.

Polipectomia terapeútica de un pólipo con carcinoma invasor (infiltra submucosa: estadio I del TNM y A de Dukes) si:

1. Histología bien diferenciado.

2. No invade vasos linfáticos o venosos de la submucosa.

3. No afecta al borde de resección.

4. Se aleja 2 mm del borde de resección.

La revisión de un pólipo con carcinoma invasor se realizará a los 3 meses y el seguimiento posterior cada 3 años.

CAPÍTULO 13

PANCREATITIS AGUDA: CRITERIOS DIAGNOSTICOS Y TERAPEÚTICOS SEGÚN GRAVEDAD

Fernando M. Jiménez Macías

Definiciones

La pancreatitis aguda es una entidad clínica muy frecuente, que si bien en la mayoría de los casos es leve o moderada, en otros es grave, con una alta morbimortalidad y necesidad de ingreso en la Unidad de Cuidados Intensivos (UCI).

Este capítulo va a intentar sintetizar todas las conclusiones a las que se llegaron en la 7ª Conferencia de Consenso de la SEMICYUC sobre pancreatitis aguda grave en Medicina Intensiva.

Pancreatitis aguda:

Inflamación aguda de páncreas, tejidos peripancreáticos, así como otros órganos a distancia.

Pancreatitis aguda leve:

Pancreatitis aguda con mínima disfunción multiorgánica y con una evolución local sin complicaciones.

Pancreatitis aguda grave:

Pancreatitis aguda con fallo orgánico o sistémico (shock., fallo respiratorio o insuficiencia renal) y/o las complicaciones locales (necrosis pancreática, absceso o pseudoquiste).

Colecciones líquidas agudas:

Colecciones peripancreáticas producidas en la fase precoz y carecen de pared o tejido fibroso (30-40 % pancreatitis con necrosis), que suelen regresar espontáneamente y otras a pseudoquiste o abscesos pancreático.

Necrosis pancreática estéril:

Área de páncreas inviable asociada a necrosis de la grasa peripancreática, cuyo cultivo es negativo.

Necrosis pancreática infectada:

Infección del magma necrótico pancreático y/o peripancreático por microorganismos. **Requiere intervención quirúrgica.** Diagnostico: punción transcutánea radiodirigida (TAC o ecografía) y cultivo.

Absceso pancreático:

Colección de material purulento intrabdominal bien delimitada, rodeada de una pared delgada de tejido de granulación. Contiene poca necrosis glandular. Aparece más tardíamente que la necrosis pancreática infectada (**3º-4º semana**).

Pseudoquiste pancreático agudo:

Colección de líquido pancreático (rico en enzimas digestivas), bien delimitada por una pared no epitelizada, no infectada y que se forma en la parte tardía (**5ª-6ª semana**).

Complicaciones sistémicas de la pancreatitis aguda grave

Aquellas alteraciones o insuficiencias de 1 o más órganos que aparecen en la fase precoz de la pancreatitis aguda grave, normalmente en los **primeros 15 días.** Por orden de frecuencia son:

1. *Insuficiencia respiratoria aguda.*

   Pa. O2 menor o igual a 60 mm Hg., a aire ambiente.

2. *Insuficiencia renal aguda.*

   Creatinina sérica > 2 mg/Dl. tras una adecuada rehidratación, oliguria de < 30 ml en 3 horas o < 700 ml en 24 horas.

3. *Shock*

   Presión arterial sistólica < 80 mm Hg., con necesidad de aminas presoras.

4. *Disfunción multiorgánica*

   Signos de sepsis asociado a insuficiencia de 2 o más órganos, de manera persistente (> 3 días bajo tratamiento médico intensivo), asociado a acidosis metabólica, coagulopatía (tiempo de protrombina < 50 % y plaquetopenia < 100000/mm3) y encefalopatía (GCS < 14).

5. *Sepsis extrapancreática*

Infecciones nosocomiales de origen pulmonar, urinario o intravascular.

6. *Coagulación intravascular diseminada.*

   Disminución tiempo protrombina < 70 %, trombopenia < 100000 / mm3 e hipofibrinogenemia < 100 mg/Dl. y elevación del dímero D > 250 ng/ml.

7. *Hiperglucemia.*

   Glucemia > 120 mg/Dl. persistente con requerimiento de insulina.

8. *Hipocalcemia*

   Calcemia < 8 mg/Dl. persistente, con necesidad de calcio.

9. *Hemorragia gastrointestinal.*

   Pérdida de sangre > 250 ml en una sola vez o > 0,5 lt. / 24 horas, en forma de hematemesis, sonda nasogástrica o melenas.

10. *Encefalopatía pancreática.*

    Disminución de la consciencia (GCS < 14). Trastorno del comportamiento (agitación, euforia o síndrome confusional): alteración del estado de vigilia con obnubilación; electroencefalograma inespecífico; TAC craneal normal y LCR con disociación albúmina-citológica. No se incluyen: síndrome de abstinencia enólica, acidosis hiperosmolar, hipoglucemia, hipofosfatemia, hipernatremia, así como las alteraciones 2ª a la sepsis o estado de shock.

Clasificación de la pancreatitis aguda

Lo primero que tenemos que hacer cuando ingresa una pancreatitis aguda, que se caracteriza habitualmente por dolor abdominal epigástrico o en hipocondrio derecho que se irradia o no en cinturón hacia la espalda o zona lumbar, con nauseas o vómitos y elevación sérica de amilasa y lipasa es saber si se trata de una pancreatitis aguda leve o grave. Para ello vamos a utilizar los criterios pronósticos de:

- ➢ Ranson al ingreso y a las 48 horas.
- ➢ Glasgow.
- ➢ Escala APACHE.
- ➢ Sistema de valoración SOFA.

CRITERIOS PRONÓSTICOS DE RANSON

Al ingreso:

Edad: > 70 años (biliar) y > 55 años (alcohol)

Leucocitosis:>18000 (biliar) y >16000 (alcohol)

Glucemia:>220 mg/Dl. (biliar) y >200 (alcohol)

LDH: >400 U/l (biliar) y >350 U/l (alcohol)

GOT o AST: > 250 U/ l (ambas).

A las 48 horas:

Descenso Hematocrito: > 10 % (ambas).

Aumento del BUN: > 2 mg/Dl. (biliar) y > 5 mg/Dl. (alcohol)

Calcemia: < 8 mg/Dl. (ambas).

PaO2: < 60 mm Hg. (alcohólica).

Déficit de bases: >5 mEq/l (biliar) y >4(alcohol)

Líquido en 3° espacio: > 4 litros (biliar) y >6 litros (alcohol)

Pancreatitis aguda leve: 0-2 criterios.

Pancreatitis aguda grave: > 3 criterios.

CRITERIOS PRONÓSTICOS DE GLASGOW-IMRIE

Se valoran 9 parámetros a las 48 horas del ingreso.

Edad: > 55 años.

GPT > 100 U/l.

Leucocitosis > 15000.

Glucemia > 10 mmol/l.

Urea > 16 mmol/l.

PaO2 < 60 mm Hg.

Calcemia < 2 mmol/l.

Albuminemia < 32 g/l.

LDH > 600.

Pancreatitis aguda leve: 0-2 criterios.

Pancreatitis aguda grave: 3 o más criterios

Escala APACHE

Permite evaluar la gravedad en las primeras 24 horas, pudiendo reevaluarse la situación en cualquier momento en que se considere. Si el APACHE II tiene > 8 puntos o si el APACHE 0 o ajustado a obesidad tiene > 6 puntos consideraremos la pancreatitis aguda como grave.

Se incluyen 12 variables (temperatura rectal, presión arterial media, frecuencia cardiaca, frecuencia respiratoria, oxigenación, pH arterial, sodio sérico, potasio sérico, creatinina sérico, hematocrito, leucocitos y escala de Glasgow. A cada variable se le dará de 0 a 4 puntos.

A esta puntuación le sumamos la puntuación obtenida para la edad y a enfermedades crónicas previas.

SISTEMA SOFA

Determina el grado de insuficiencia de cada sistema u órgano: respiratorio, hemodinámica, hematológico, renal, hepático, que se puntúa de 1 a 4. Un SOFA= 1 para cada órgano supone disfunción orgánica de dicho órgano. Un SOFA mayor o igual a 2 implica fallo orgánico de dicho órgano.

La PCR como parámetro analítico diferenciador de pancreatitis graves o leve tiene como punto de corte 150 mg/Dl. a las 48 horas.

La elastasa polimorfonuclear > 250 microgramos/Dl. en el momento del ingreso y >300 microgramos/Dl. al cabo de las 24 horas pronostica una pancreatitis aguda como grave.

Factores pronóstico de severidad de una pancreatitis aguda

> Al ingreso

Impresión clínica de severidad.

IMC > 30

Derrame pleural en la radiografía tórax

Puntuación APACHE II > 8 puntos

> A las 24 horas del ingreso

Impresión clínica de severidad.

Puntuación APACHE II> 8 puntos

Glasgow score de 3 o más puntos.

Fallo orgánico persistente, especialmente múltiple.

PCR > 150 mg/litro.

Diagnostico

Los pacientes se realizarán las siguientes pruebas:

> Analítica general: hemograma, coagulación, bioquímica hepática, renal, lipídica, hidroelectrolítica, proteinograma, amilasa, lipasa, marcadores tumorales en especial CA-19.9.

> ECG, Rx. de tórax.

> Ecografía de abdomen: para descartar colecciones, alteraciones árbol biliar (dilatación vía biliar intra y/o extrahepática, colelitiasis), lesión ocupantes de espacio en hígado o páncreas, pseudoquiste pancreático.

➢ TAC abdomen sin contraste: **criterios clásicos de Balthasar:**

Grado A:

Páncreas normal (0 punto).

Grado B:

Aumento del tamaño peripancreático focal o difuso, alteración del contorno glandular, sin evidencia de enfermedad peripancreática (1 punto).

Grado C:

Alteraciones intraprancreáticas con afectación de la grasa peripancreática (2 puntos).

Grado D:

1 colección líquida única mal definida (3 puntos).

Grado E:

2 o más colecciones liquidas mal definidas. Presencia de gas pancreático o retroperitoneal (4 puntos).

Índice de severidad de TAC: detección de áreas de hipoperfusión o sin resalte radiológico empleando un TAC con contraste intravenoso, que se correlaciona bien con áreas de necrosis pancreática.

Con los criterios clásicos de Baltasar (TAC sin contraste iv) y (TAC con contraste iv), obteniéndose un puntuación máxima de 10 puntos.

Grado A: 0 puntos.

Grado B: 1 punto.

Grado C: 2 puntos. ⎬ Sin contraste iv

Grado D: 3 puntos.

Grado E: 4 puntos.

Extensión necrosis pancreática:

< 30%: 2 puntos.

30-50 %: 4 puntos.   Con contraste iv.

> 50 %: 6 puntos.

Índice severidad del TAC:

0-3 puntos:

Pancreatitis aguda leve (0% mortalidad y <4 % morbilidad)

4-6 puntos:

Pancreatitis aguda grave.

7-10 puntos:

Necrosis pancreática (17-42 % mortalidad y 92% morbilidad)

Si el paciente tiene dilatación de vías biliares o sospecha de coledocolitiasis en la ecografía abdominal o en el TAC abdomen se puede solicitar una colangio-RMN para confirmarlo y establecer así la indicación de una Colangiografía retrógrada endoscópica (CPRE) para la realización de una esfinterotomía endoscópica.

Tratamiento

1. Ingreso en planta o la Unidad de Cuidados Intensivos, según el estado clínico del paciente, los criterios de gravedad de Ranson y el APACHE II.

2. El tratamiento estándar será: dieta absoluta, controles de constantes (tensión arterial, frecuencia cardiaca. Diuresis de 24 horas, temperatura), hemocultivos si fiebre.

3. Analgesia: Paracetamol 1 gramo iv cada 8 horas alternando a las 4 horas del paracetamol con 1 ampolla de metamizol magnésico cada 8 horas. Si no cece se puede añadir ½ ampolla de Dolantina iv/ 8 horas.

4. Profilaxis tromboembólica con Clexane 40 mg/sc/24 horas.

5. Profilaxis de hemorragia digestiva alta: Pantoprazol i v/24 horas u Omeprazol 20 mg/8 horas iv.

6. Si se confirma en el TAC necrosis infectada o fiebre, se puede administrar Imipenem 500 mg/ 8 horas iv.

7. Reposición adecuada de volemia: suero fisiológico 1500 cc /24 alternando con suero glucosalino 1000 cc/24 horas + 10 mEq de Clk. en cada 500 cc de suero. Otra posibilidad es en lugar de suero glucosalino es poner nutrición parenteral periférica con Isoplasmal G 1000 cc/24 horas o Intrafusin 1000 cc/24 horas si la dieta absoluta se alarga por evolución clínica más tórpida de lo habitual. En caso que la dieta absoluta se mantenga más de 5 días se debe contactar con el servicio de Nutrición para que lo valore nutricionalmente y se inicie tratamiento con nutrición parenteral total o nutrición enteral total mediante sonda nasoyeyunal, en especial cuando hay complicaciones tales como hemorragia digestiva, necrosis infectada, absceso pancreático, obstrucción intestinal, fístulas digestivas y síntomas graves como shock. Y disfunción multiorgánica. Los requerimientos nutricionales diarios son: 25-35 Kcal./Kg./día: Aporte proteico 1,2-1,5 g/Kg./día; hidratos de carbono 3-6 gramos/ Kg./día; lípidos hasta 2 gramos/Kg./día.

8. Inyección intramuscular de un análogo de somatostatina denominado Lantreotido 3 mg IM protege del dolor recidivante que aparece al iniciar tolerancia.

9. Oxigenoterapia si saturación de O2 es inferior 90 % y mantener Hematocrito por encima del 30 %.

10. En pacientes que haya sufrido una colangitis aguda se instaurará tratamiento antibiótico con Ciprofloxacino 200 mg/12 horas o Amoxi-clavulánico 1 gramo / 8 horas.

11. En pacientes con pancreatitis aguda grave ingresada en la UCI, que en la eco o TAC se evidencia litiasis biliar y tenga datos de colangitis aguda o ictericia obstructiva, se debe realizar una desobstrucción urgente de la vía biliar mediante una CPRE a las 48-72 horas, con esfinterotomía

y extracción de coledocolitiasis. Si no es posible disponer de la técnica de CPRE en ese periodo dada las condiciones de gravedad del enfermo se procederá a una cirugía de urgencias de desobstrucción de la vía biliar, sin actuar sobre páncreas en el acto quirúrgico.

12. No está indicado el tratamiento profiláctico de antibiótico en pancreatitis agudas leve-moderada, si no se asocia a colangitis aguda. En cambio, en las pancreatitis con criterios de gravedad y presencia en el TAC de necrosis pancreática, se pueden emplear Carbapenem, tales como Meropenem e Imipenem y quinolonas asociadas a Metronidazol (Ciprofloxacino 200 mg/12 horas o Levofloxacino 500 mg iv/24 horas + Metronidazol 500 mg iv/8 horas). La duración del tratamiento antibiótico sistémico profiláctico sería hasta 14 días o más si persisten las complicaciones locales o sistémicas no-sépticas o bien si la PCR se mantenga por encima de 120 mg/dl.

13. Se aconseja el inicio de la nutrición enteral de forma precoz y por sonda nasoyeyunal si la pancreatitis ha sido grave.

14. Las colecciones liquidas aguda de las pancreatitis agudas graves no deben drenarse si son asintomáticas y el paciente está bien. Si se sospecha infección o las colecciones son sintomáticas (dolor o cuadro obstructivo) deben aspirarse sin dejar drenaje.

15. Cuando se sospeche que existe infección de la necrosis pancreática y/o de las colecciones peripancreáticas se debe realizar punción con aguja fina con fines diagnósticos, dirigidas por ecografía o TAC abdomen. Si el cultivo de la muestra aspirada es negativo se realizará tratamiento conservador. Si el cultivo fuese positivo el tratamiento indicado será la cirugía (necrosectomia + lavado o necrosectomia más laparotomía y la necrosectomia + cierre temporal), con drenaje percutáneo

previo a la cirugía en paciente con elevado riesgo quirúrgico.

16. Si absceso pancreático se recomienda colocación de drenaje percutáneo. Si fracasa valorar tratamiento quirúrgico.

17. La sepsis pancreática debe ser tratada quirúrgicamente a partir de la 2ª semana si no responde con tratamiento médico.

18. Los pacientes que tengan un cólico biliar sin dilatación de vías biliares serán sometidos a colecistectomía durante el ingreso o dado de alta si el paciente se queda asintomático, habiendo sido valorado previamente por los cirujanos.

19. Los pacientes que ingresan por colecistitis aguda sin datos de pancreatitis aguda, serán intervenidos de urgencias de colecistectomía si no existe riesgo quirúrgico. Si tiene alto riesgo quirúrgico como personas ancianas o polipatológicos se puede "enfriar" la colecistitis y ser intervenido quirúrgicamente posteriormente.

20. Los paciente con colangitis aguda o ictericia obstructiva que evolucionan clínicamente bien con normalización del perfil hepático y buena respuesta al tratamiento antibiótico, se someterán a una CPRE + esfinterotomía endoscópica, que podría hacerse ambulatoriamente, si la espera es superior a 1.5 semana. Una vez se realice la esfinterotomía endoscópica se remitirá a consultas de cirugía preferente para programar colecistectomía laparoscópica.

21. Puede darse el caso de pacientes colecistectomizados que ingresa por ictericia obstructiva o colangitis aguda. Si mediante ecografía abdomen o colangio-RMN se confirma la existencia de coledocolitiasis o mantenimiento de una colostasis disociada se indicará la realización de una esfinterotomía endoscópica.

CAPÍTULO 14

CÁNCER DE PÁNCREAS: DIAGNOSTICO Y TRATAMIENTO

Fernando M. Jiménez Macías

Definición

Es la segunda neoplasia gastrointestinal más frecuente. Suele debutar cuando asienta sobre la cabeza como ictericia obstructiva y como dolor abdominal epigástrico o síndrome emético o sensación de llenado precoz cuando asienta en cuerpo. El problema mayor que tiene es su avanzado estado de evolución en muchos casos cuando se diagnostica y la ausencia de protocolos validos de screening para su detección precoz con pronósticos mejores.

El que vamos a tratar es el tipo más frecuente: adenocarcinoma ductal pancreático.

Diagnostico

Ante una sospecha diagnostica de cancer de páncreas o hallazgo incidental en alguna prueba de imagen como es la ecografía en el estudio de un dolor abdominal, tenemos que hacer el siguiente estudio:

➢ Analítica general: bioquímica básica, hepática, pancreática, lipídica, hidroelectrolítico, reactantes de fase aguda, marcadores tumorales, en especial el CA-19.9, perfil proteico-nutricional, hemograma, coagulación.

➢ Radiografía de tórax, ECG y abdomen.

➢ Ecografía abdomen.

➢ TAC abdomen C/C: es la prueba primera que nos va a informar del las posibilidades que disponemos para el establecimiento de la indicación quirúrgica, permitiendo el estadiaje TNM tumoral. Permite valorar bien el diámetro del tumor, la localización, la presencia de adenopatías, metástasis a distancia, signos de carcinomatosis peritoneal, infiltración vascular de grandes vasos.

➢ RMN páncreas: se solicitará cuando no nos quede claro si un vaso como la arteria o vena mesentérica esté infiltrada o solamente comprimida por el tumor, por ejemplo. Es para afinar más en los criterios de resecabilidad del tumor cuando haya dudas en el TAC.

➢ Ecoendoscopia oral: es la mejor técnica de estadiaje loco-regional para el cáncer de páncreas, en especial en los casos de infiltración vascular dudosa en el TAC o RMN. Permite además la realización de PAAF con el sectorial.

➢ Punción aspirativa con aguja fina (PAAF): se realizará siempre que podamos para la obtención de un estudio anatomo-patológico de la lesión para así establecer la confirmación histológica, en especial en los casos que tiene criterios de resecabilidad, donde la cirugía tiene una morbi-mortalidad nada despreciable e incluso para establecer la indicación de quimioterapia, también no exentas de efectos secundarios.

➢ CPRE (Colangiopancreato retrógrada endoscópica): es una técnica que ha quedado relegada a la terapeútica endoscópica en los casos de cáncer de páncreas que ocasionan ictericia obstructiva. Mediante esta técnica se puede colocar prótesis plástica en espera de una cirugía o la colocación de una endoprotesis biliar metálica en caso de paciente con criterios de irresecabilidad quirúrgica y con opciones sólo paliativas (endoprotesis biliar metálica Wallstent, por ejemplo).

➢ Radiología intervencionista: en la ictericia obstructiva neoplásica permite colocar un drenaje biliar percutáneo interno y/o externo, en espera de una cirugía o prótesis definitiva biliar. Si al paciente se le coloca un drenaje biliar interno y externo, tendremos que reponer con sueroterapia, los aportes de potasio y bicarbonato perdidos. En ese caso, poner sueroterapia intravenosa en forma de suero fisiológico o glucosalino 1500 cc/24 horas + 15 mEq de ClK. en cada 500 cc de suero + Bicarbonato 1/6 M 500 cc /24 horas si el paciente está en dieta absoluta. Si tolera oralmente, se puede indicar al paciente que beba de 1.5-2 litros diario y prescribirle Potasion 1 comprimido cada 12 horas y bicarbonato oral 1 comprimido cada 12 horas, con controles analíticos de gasometría y bioquímica periódicos mientras el paciente tenga el drenaje externo. Añadir Ciprofloxacino iv.

ESTADIFICACIÓN TNM

Tis: Carcinoma in situ.

T1: limitado a páncreas de 2 cm. o menos.

T2: limita al páncreas mayor de 2 cm.

T3: tumor se extiende a duodeno, colédoco o tejidos peripancreáticos.

T4: Tumor se extiende a estómago, bazo, colon, grandes vasos adyacentes.

N0: sin metástasis regionales en ganglios linfáticos.

N1: metástasis regionales en ganglios linfáticos.

M0: ausencia de metástasis a distancia.

M1: metástasis a distancia.

Estadificación del American Joint Comité on Cancer (AJCC):

Estadio I: afecta sólo a páncreas.

T1-T2   N0   M0

Estadio II: (duodeno o colédoco)

T3 N0 M0

Estadio III (afectación ganglionar)

T1-T3   N1 M0

Estadio IVA: (afecta estómago, colon, bazo, grandes vasos)

T4 Nx M0

Estadio IVB: (metástasis a distancia).

Tx Nx M1

Tratamiento

➢ Sólo son candidatos a la pancreatectomía el 15 % en el momento del diagnostico.

➢ Contraindicaciones absolutas: metástasis hepáticas, peritoneales, epiploicas o extrabdominal.

> Contraindicaciones relativas: vena porta, arteria hepática, vasos mesentéricos, tronco celiaco, así como sus ramas. Muchas veces se requiere de la laparoscopia como técnica diagnostica para salir de dudas y establecer si el paciente tiene criterios de resecabilidad o no.

> Técnica quirúrgica: duodenopancreatectomía o procedimiento de Whipple: en esta intervención se realiza la resección pancreática del tumor. Lo que queda de páncreas se anastomosa con yeyuno (Pancreaticoyeyunostomia), también cuenta con dos anastomosis más (hepaticoyeyunostomia y una duodenoyeyunostomia con o sin preservación de píloro). También se debe realizar una linfaadenectomia. La mortalidad es del 3%, pero según la experiencia del centro.

> La tasa de supervivencia con esta intervención a los 5 años: 10,5-25% y una supervivencia mediana entre 10.5-20 meses.

> Factores de buen pronóstico: diámetro tumoral < 3 cm., ausencia de adenopatías regionales, márgenes negativos, histología bien diferenciada, pérdida de sangre intraoperatoria < 750 ml.

> Procedimiento paliativos: se usan para control de dolor, la ictericia obstructiva y obstrucción duodenal. La derivación biliar con gastroyeyunostomia preventiva o quirúrgica o bloqueo del plexo celiaco para control del dolor han mostrado eficacia pero con alta morbi-mortalidad. Para la ictericia obstructiva lo ideal es el empleo de prótesis metálicas definitivas o plásticas que se recambien cada 3 meses en lugar de esperar a que den problemas. También para la obstrucción duodenal tiene utilidad la prótesis metálicas duodenales. Para el dolor se pueden emplear asociaciones de parches de Fentanilo (Durogesic parches 25, 50 microgramos cada 72 horas), AINEs, paracetamol hasta 1 gramo cada 8 horas. También puede ser de utilidad la neurolisis quirúrgica o química percutánea del ganglio celiaco, aunque también se puede realizar con ecoendoscopia terapeútica si se dispone.

➢   Radioterapia: aumenta la supervivencia asociada al 5-fluorouracilo como radiosensibilizante, que sin tratamiento tendría una supervivencia de sólo 6 meses, mientras que con ella es de una media de 11 meses, siendo eficaz tanto en pacientes no candidatos a resección quirúrgica como los que sí hayan sido intervenidos. En estadio I tras la resección quirúrgica se debe asociar 5-fluorouracilo + Radioterapia de 40 Gy. En los estadios II y III al no ser resecados se les administra la misma pauta combinada de radioterapia con 5-fluorouracilo.

➢   Quimioterapia: no ha demostrado su eficacia de forma significativa. En los estadio IV la Gemcitabina ha demostrado mejorar el dolor y la calidad de vida de los pacientes.

CAPÍTULO 15:

HEPATITIS AGUDA Y CRÓNICA. INSUFICIENCIA HEPÁTICA AGUDA

Fernando M. Jiménez Macías

Definición

Hepatitis aguda: inflamación aguda del parénquima hepático (elevación de las transaminasas con/sin elevación de las enzimas colostásicas (GGT y Fosfatasa alcalina).

Puede haber un predominio de las enzimas colostáticas, produciendo una hepatitis aguda colostásica con elevación de GGT, fosfatasa alcalina y bilirrubina total sobre todo a base de la directa. Esto es típico de las hepatitis tóxicas.

Las hepatitis víricas suelen presentar una elevación de las transaminasas, aunque en ocasiones se produce elevación de la bilirrubina total, en especial en hepatitis B (30-50 %) y A (70%) y menos en la C (20-30%).

Existen otras causas de hepatitis como la vírica C, que después de la fase aguda suele cronificarse, hepatitis o colangiopatías autoinmune con elevación de los títulos de autoanticuerpos, hepatitis aguda enólica por exceso de alcohol, por depósitos de metales (Wilson, hemocromatosis), trastornos hormonales (hiper o hipotiroidismo), etc.

Hay que comentar que el 80 % de la hepatitis aguda padecidas son asintomáticas. Habitualmente una hepatitis aguda se caracteriza por elevación de las transaminasas hasta 10 veces su límite alto de la normalidad y la fosfatasa alcalina no suele sobrepasar 3 veces por encima del límite superior de la normalidad. Hay que descartar cuando hay elevación de la bilirrubina si hay procesos hemolíticos, en los cuales el perfil hepático no suele alterarse, y además suele ser a base de la indirecta, elevación de la LDH y descenso de la haptoglobulina.

Los parámetros en las hepatitis aguda que se han asociado mejor a un peor pronóstico y muerte son: un tiempo de protrombina > 4 segundos respecto al control y una bilirrubina total de 15 mg/Dl. (fallo hepático severo). En la hepatitis tóxica aguda por Acetaminofen, el aumento progresivo del tiempo de protrombina durante > 4 días equivale a daño hepático severo.

Patrones de las hepatitis agudas

Hepatitis agudas virales:

➢ GPT 10-40 veces límite superior de la normalidad (LSN).

➢ Bilirrubina total (Bt.) < 15 mg/dl.

➢ Alargamiento tiempo de protrombina (ATP) < 3 segundos.

Hepatitis aguda alcohólicas:

➢ GPT 2-8 veces LSN.

➢ Bt.< 15 mg/dl.

➢ ATP 1-3 segundos.

➢ Predominio de GOT frente GPT.

➢ Debe pedirse los principales marcadores sexológicos virales: IgM anti-VHA, IgM anti-HBc, Ag-HBs y anti-VHC.

➢ Preguntar si ha habido ingesta enólica recientemente.

➢ Enfermedad de Wilson suelen ser pacientes jóvenes, con fosfatasa alcalina baja y bilirrubina elevada. La ceruloplamina sólo se haya descendida en el 40 % casos.

➢ Hepatitis autoinmune aguda se da preferentemente en mujeres, con elevación de gammaglobulinas, elevaciones sobre todo de transaminasas, descenso de la albúmina y en ocasiones ascitis. Elevación de los anticuerpos antinucleares (ANA) y/o anti-SMA.

➢ Existen otros virus causantes de hepatitis aguda (virus de Ebstein-Barr, citomegalovirus, toxoplasma, sífilis, salmonella).

➢ Tras una hepatitis aguda virus B, si a los 6 meses el paciente ya presenta el anti-HBs(+) con AgHBs (-), podemos considerar al paciente curado.

Hablamos *de hepatitis crónica* cuando:

Persistencia de la elevación de la GPT durante más de 6 meses después de un episodio de hepatitis aguda.

Diagnostico

➤ Anamnesis: ingesta de alcohol, medicamentos (Amoxi-clavulánico, Enalapril, Captopril, paracetamol, AINEs, hierbas de herboristerías, etc.), drogas (anfetaminas o derivados, cocaína). Promiscuidad sexual sin uso de preservativos, contactos o convivencia con familiar o persona que conozca que tiene hepatitis crónica B o C. Aplicación de tatuajes, colocación de piercing en condiciones no asépticas. Antecedentes familiares de fallecimiento por enfermedad hepática o hepatitis. Antecedentes de hepatitis en la infancia (ictérica?).

➤ Exploración física: arañas vasculares faciales, semiologia de ascitis o circulación colateral, estigmas cutáneos de uso de drogas parenterales, exploración de genitales (enfermedad de transmisión sexual concomitante), hepatomegalia, esplenomegalia, ictericia muco-cutánea. Si hay signos de encefalopatía o síndrome de deprivación alcohólica.

➤ Analítica completa: hemograma, ferritina, coagulación, bioquímica hepática con GOT, GPT, GGT, fosfatasa alcalina, bilirrubina total y directa, proteinograma, albúmina, gammaglobulinas, orina, ceruloplasmina, anticuerpos transglutaminasa, TSH y T4 libre, marcadores tumorales, en especial alfafetoproteina, autoanticuerpos (ANA, AMA, anti-LKM, anti-SMA, p-ANCA y c-ANCA).

➤ Marcadores sexológicos virales: anti-VHA-IgM (especialmente si es joven o gestante), anti-HBc-Ig M, Ag-HBs, Anti-VHC, anti-HBe y AgHBe.

➤ Ecografía abdomen en menos de 3 semanas, salvo las urgentes.

➤ Situaciones posibles:

* Anti-VHA-Ig M(+):hepatitis aguda A

134

* Anti-HBc-Ig M (+): hepatitis aguda B

* Anti-VHC (+) + elevación GPT 10 veces LSN: alta sospecha de hepatitis aguda virus hepatitis C.

* Anti-VHE-Ig M: hepatitis aguda E (típica de gestantes).

* Hepatitis crónica VHB: si durante >6 meses Anti-HBs (-), AgHbs (+) o AgHBe (+), AntiHBc-IgM (-), AntiHBc-Ig G(+), DNA-VHB (+).

* Hepatitis crónica VHB salvaje: AgHBs (+), AntiHBc(+), AgHBe (+), DNA-VHB (+).

* Hepatitis crónica VHB mutante precoz: AgHBs (+), Anti-HBc(+), AgHBe(-), AntiHBe(+), DNA-VHB(+).

* Hepatitis crónica VHB en fase no replicativa: AgHBs(+), AntiHBc(+), AgHBe(-), AntiHBe(+), DNA-VHB (-), GPT normal.

* Hepatitis crónica VHC: si anti-VHC (+), RNA-VHC (+) y GPT normal o elevada. Solicitar el genotipo viral.

* Hepatitis VHC curada: Anti-VHC (+), RNA-VHC (-), GPT normal.

➤ Serán remitidas por el médico de atención primaria al Digestivo, quien lo verá en no más de 30 días, en todos los casos de hepatitis viral C y sólo en las hepatitis aguda virales A y B cuando el INR > 1,5 o actividad del tiempo de protrombina sea < 70 % o presencia de encefalopatía hepática. Si la hepatitis aguda por virus A y B no ocurre esto la controlará el de cabecera.

➤ Las hepatitis crónicas por VHB y VHC se remitirán siempre, se notificará el caso al sistema de vigilancia epidemiológica.

➤ Se le ofertará a convivientes el estudio serológico y se le administrará la gammaglobulina anti-A, a pareja y convivientes como profilaxis postexposición en caso de hepatitis aguda A.

- Se vacunará de hepatitis A a las personas que viajen a países endémicos, manipuladores de alimentos, cuando aparezcan brotes epidémicos y en pacientes con hepatitis crónica VHB, VHC, cirrosis biliar primaria, cirrosis hepática alcohólica y hepatitis autoinmune.

- Inmunoprofilaxis pasiva anti B+ vacuna anti-hepatitis B: a aquellos convivientes con portadores del VHB, pareja sexual, recién nacidos de madres portadoras del VHB, inoculación accidental sanitaria del VHB.

- Vacuna anti-hepatitis B previa determinación del AgHBs y Anti-HBs: funcionarios de prisiones, policía, personal de limpieza, adictos a drogas por vía parenteral, personal sanitario, personal que maneja hemoderivados, trabaja en hemodiálisis, ingresados en instituciones cerradas, personas con contactos sexuales distintos, pacientes con hepatitis crónica C.

- Biopsia hepática está indicada ante hipertransaminasemia no filiada después de realizar el estudio diagnostico previo sin ninguna alteración, establecer el grado de fibrosis e inflamación hepática en procesos de hepatitis virales, hepatitis autoinmune para ayudar a establecer la indicación de terapia médica o como control evolutivo de la misma; realizar el diagnostico de enfermedades de depósito de metales (hemocromatosis y Wilson).

- Los pacientes con hepatitis crónica B pueden ser tratados con interferón pegilado o lamivudina.

- Todos los pacientes con hepatitis crónica C son candidatos a tratamiento, en especial si no han sido tratados previamente tengan o no cirrosis hepática, pacientes recidivantes o que no respondieron a la monoterapia con interferón o tratamiento combinado (interferón +ribavirina).

- Una vez iniciado el tratamiento en hepatitis crónica VHB: hemograma y bioquímica bimensual. Una vez finalizado el tratamiento, se solicitará un DNA-VHB y una bioquímica 6 meses después de finalizarlo.

> Una vez se inicie el tratamiento para hepatitis crónica VHC: control hemograma y bioquímica hepática al mes 1,3,6 y 12. El RNA-VHC cualitativo se hará en cada control. Si resulta positivo en el 3° mes se solicitará un RNA-VHC cuantitativo, suspendiéndose el tratamiento si se confirma. A los 6 meses de finalizado el tratamiento se determinará un RNA-VHC cualitativo.

> La hepatitis aguda enólica se caracteriza por astenia, anorexia, pérdida de peso, ictericia, fiebre y hepatomegalia dolorosa, predominio de GOT sobre la GPT. Son factores de mal pronostico una bilirrubina total >12 mg/Dl. y una actividad del tiempo de protrombina < 50 %. Función de Maddrey = FD = 4.6 x tiempo de protrombina (segundos) + bilirrubina total (mg/Dl.); si este parámetro es >93 (mal pronóstico).

  1. Tratamiento específico: Corticoides (Prednisona 40 mg/24 horas por la mañana durante 1 mes, para después descender a 20 mg/24 horas durante 2 semanas y después 10 mg/día durante otras 2 semanas, en total 2 meses de tratamiento esteroideo.

  2. Nutrición con 2000 cc de solución dextrosa al 10 % además de la dieta hospitalaria. Otros preparados como Hepatical rica en aminoácidos ramificados.

  3. Complejos vitamínicos (Hidroxil B1-B6-B12 cada 8 horas, Acfol 1 comprimido al día y Konakion 1 ampolla iv/24 horas.

  4. No tienen indicación de trasplante hepático.

  5. Tratamiento del síndrome de abstinencia con Distraneurine, Haloperidol y Tiaprizal.

INSUFICIENCIA HEPÁTICA AGUDA GRAVE

Hablaremos de ella cuando se den los dos requisitos siguientes:

> Encefalopatía hepática del grado que sea.

> Tasa de protrombina inferior al 40%.

➤ Por separado no cumpliría criterios.

Clasificación

➤ Curso fulminante: < 2 semanas.

➤ Curso subfulminantes: 2-12 semanas.

➤ Insuficiencia hepática de curso hiperagudo: aparición de encefalopatía en < 7 días.

➤ Insuficiencia hepática de curso agudo: 8-28 días.

➤ Insuficiencia hepática de curso subagudo: 29-72 días.

Tratamiento

Traslado a UCI.

1.Dieta absoluta o dieta hipoproteica (20-40 gramos de proteínas/día).

2.Oxigenoterapia.

3.Catéter de Swan-Ganz o vía central.

4. Sonda vesical y sonda nasogástrica.

5.Intubación orotraqueal si el grado de encefalopatía hepática es III o IV.

6.Analítica general con hemograma, coagulación bioquímica completa, gasometría arterial.

7.Lactulosa oral por SNG o enemas de Duphalac cada 8 horas.

8.Control en UCI de la presión intracraneal.

9.Omeprazol 20 mg/12 horas.

10. Sólo administrar plasma fresco cuando el paciente presente hemorragias digestivas significativas con repercusión clínica.

11. Profilaxis antibiótica con Norfloxacino 400 mg/12 h. + Nistatina 1 millón de unidades cada 6 horas. También puede ser

eficaz frente a infecciones bacterianas y fúngicas la asociación de Primafen 1 g/6 horas + Fluconazol 100 mg/24 horas.

12.   Indicación de trasplante hepático en caso de encefalopatía hepática grado III-IV, empeoramiento de la encefalopatía hepática después de haber mejorado o fracaso de las medidas de sostén.

Criterios del King's College para trasplante hepático.

Intoxicación por paracetamol:

> ➢ pH arterial < 7.3, independientemente del grado de encefalopatía.
> ➢ Tiempo de protrombina > 100 segundos o > 30 segundos + creatinina sérica > 3,4 mg/Dl. en pacientes con encefalopatía III/IV.
> segundos.

Fallo hepático fulminante por otras causas:
1. Si tiempo de protrombina > 100 segundos, independientemente del grado de encefalopatía.
2. Tres o más de los siguientes criterios:
   * Edad < 10 o > 40 años.
   * Etiología indeterminada, tóxica o Halotano.
   * Intervalo ictericia-encefalopatía > 7 días.
   * Bilirrubina >15 mg/dl.
    * Tiempo de protrombina > 50

CAPÍTULO 16

DIAGNOSTICO DE HEPATITIS CRÓNICA.

ESTUDIO PRETRASPLANTE HEPÁTICO EN PACIENTE CIRRÓTICOS

Fernando M. Jiménez Macías

Hepatitis crónica VHB

Situaciones:

1. *Inmunotolerancia:*

AgHBs (+), AgHBe(+), DNA-VHB (+), transaminasas normales con biopsia hepática con histología normal o con cambios mínimos.

2. *Hepatitis crónica AgHBe (+):*

AgHBs(+), AgHBe (+), DNA-VHB(+), transaminasas elevadas y biopsia con signos de hepatitis crónica.

3. *Hepatitis crónica AgHBe(-):*

AgHBs(+), AgHBe (-), DNA-VHB(+), transaminasas elevadas, y biopsia hepática con signos de hepatitis crónica.

4. *Portador sano de VHB:*

AgHBs (+), AgHBe (-), DNA-VHB(-), transaminasas normales. Biopsia hepática normal.

HEPATITIS CRÓNICA B

- ➢ Definición: persistencia de AgHBs (+) en suero durante > 6 meses + elevación de GPT.

- ➢ Se debe descartar siempre coinfecciones tales como virus delta, VIH, VHC.

- ➢ Los AgHBe (+): GPT elevada + DNA-VHB $> 1 \times 10^6$ UI/ml.

- ➢ Los AgHBe (-): GPT oscilante (elevación o normalidad) + DNA-VHB 1×10^5 UI/ml.

- ➢ Portador inactivo: AgHBe (-), GPT normal + DNA-VHB $< 1 \times 10^4$ UI/ml.

- ➢ Se deben emplear técnicas cuantitativas para la determinación del DNA viral (PCR).

- ➢ No es necesario la determinación del genotipo viral para el virus hepatitis B.

➢ En sujetos con infección crónica que presenten la seroconversión del AgHBe (AntiHBe +) con normalización de transaminasas: monitorización cada 3 meses durante 1° año para saber si se trata de una infección activa por virus mutante precore o portador inactivo.

➢ Portador inactivo confirmados durante 1 año, controles analíticos de GPT +DNA-VHB cada 1-2 años.

➢ Vacuna anti-hepatitis B: títulos anti-HBs > 10 Mª/ml están protegidos (no dosis de recuerdo). Tres dosis: 0-1-6 meses. Deben ser vacunados: recién nacidos de madres portadoras VHB, personal sanitario, hemofílicos, dializados (vacunar antes de diálisis preferentemente), promiscuos sexuales, prostitutas, ADVP. En coinfectados VIH o trasplantados: determinar títulos antiHBs anualmente y administrar dosis de recuerdo (no en la población general) cuando los títulos anti-HBs < 10 Mª/ml. Debe vacunarse inmigrantes de zonas de alta endemicidad. Los pacientes con hepatitis crónica VHC no portadores del VHB deben vacunarse.

➢ Profilaxis tras exposición (neonatal, profesional, accidental o por relaciones sexuales de riesgo): si tiene inmunidad natural (antecedentes de infección pasada) o si han sido vacunados, presentando títulos de anti-HBs > 10 Mª/ml: no precisan profilaxis. En caso contrario, después de extraer muestra sangre pre-profilaxis, (no inmunizadas o se desconoce): doble inmunización (gammaglobulina hiperinmune contra hepatitis B a dosis de 0,06 ml/Kg. (máximo 5 ml) en las primeras 12-24 horas + vacuna anti-hepatitis B. Si tienen títulos protectores no dar posteriores dosis de vacunas. En mujeres gestantes con infección crónica VHB: lamivudina 100 mg/día durante 3° trimestre embarazo + vacunación recién nacido + inmunoglobulina. En sujetos sin respuesta a 1 o 2 tandas vacunales se administrará una 2ª dosis de gammaglobulina al mes de la exposición.

➢ Profilaxis en paciente con tratamiento antineoplásico o inmunosupresor: mayor riesgo en neoplasias hematológicas, sexo masculino, jóvenes, elevación previa de GPT, AgHBs (+), AgHBe(+), DNA-VHB >10 ^{4} copias/ml, tratamientos corticoideos, anticuerpos monoclonales antilinfocitarios. Determinar antes de iniciar quimioterapia: transaminasas, AgHBs, anti-HBs, anti-HBc. Ante positividad de éste iniciar la semana antes del tratamiento: Lamivudina 100 mg/día durante todo el tratamiento hasta 6 meses después de finalizado.

➢ Profilaxis previa al trasplante hepático: lamivudina 100 mg/día (contraindicado interferón pegilado).

➢ Profilaxis post-trasplante hepático: asociar a lamivudina 100 mg/día + Adefovir 10 mg/día + gammaglobulina hiperinmune intravenosa si títulos DNA-VHB pretrasplante elevados. En caso contrario intramuscular. Suspender gammaglobulina si carga viral (-) a los 6 meses del trasplante. Vacunar si antes del trasplante carga viral indetectable o 2 años post-trasplante si dosis inmunosupresora dosis bajas.

➢ Candidatos a tratamiento: hepatitis crónica VHB con GPT 2 veces LSN (criterio bioquímico) + DNA-VHB > 10^5 copias/ml si AgHBe(+) o DNA-VHB > 10^4 copias/ml si AgHBe(-) (criterio virológico). Si no se cumpliera el criterio bioquímico o virológico, pero la biopsia hepática es compatible con cambios necroinflamatorios moderados o intensos o presencia de cirrosis hepática compensada también serían candidatos.

➢ Emplear interferón en monoterapia: joven + ausencia de cirrosis hepática. No en candidatos a trasplantes.

➢ Lamivudina, adefovir o Entecavir: el resto o fracaso previo del tratamiento interferón (especialmente candidatos a trasplante hepático, renal o de médula ósea).

➢ Cirrosis hepática descompensada: lamivudina o adefovir en lamivudin-resistentes.

➤ Pacientes coinfectados VIH-VHB, que requieran el empleo de TARGA, serán tratados con asociación Lamivudina 300 mg/día o Emtricitabina 300 mg/día + Tenofovir 300 mg/día si: AgHBs (+) + AgHBe (+) + DNA-VHB > 10^5 copias/ml. En coinfectados con cirrosis hepática o AgHBe(-) + DNA-VHB 10^3-10^4 copias/ml. Si no requiere el uso de TARGA: interferón pegilado si AgHBe(+), mientras que emplearemos Entecavir 0.5 mg/día o Adefovir 10 mg/día en AgHBe(-) si daño hepático severo o moderado. Los AgHBe(-) + biopsia hepática con cambios mínimos: controles periódicos sin tratamiento antiviral B.

➤ Hepatitis crónica VHB + insuficiencia renal crónica: en hemodiálisis requerirán ajuste de la dosis con lamivudina y adefovir. No hay problema con interferón. En trasplantados renales está contraindicado el interferón.

➤ Recurrencia hepatitis B post-trasplante hepático: lamivudina. Asociar durante 3 meses Adefovir en lamivudin-resistentes, para dejar después sólo con Adefovir. No usar interferón.

➤ Hepatitis aguda por virus hepatitis B no deben tratarse (95% curación espontánea).

➤ Indicación de biopsia hepática en hepatitis crónica VHB: si dudas diagnósticas, elevación simultánea de GPT + viremia de forma intermitente en portadores inactivos, si títulos de DNA-VHB pre-tratamiento son inferiores a los exigidos (DNA-VHB > 10^5 copias/ml si AgHBe(+) o DNA-VHB > 10^4 copias/ml si AgHBe(-) (criterio virológico).

➤ Tratamiento hepatitis crónica VHB: elevación GPT > 10^4 log , en al menos 2 determinaciones, independientemente de la positividad del AgHBe, así como aquellos con biopsia hepática con cambios necroinflamatorios moderado-severo.

➤ Son fármacos de primera elección: interferón, lamivudina 100 mg/día, adefovir 10 mg/día o Entecavir 0,5 mg/día.

➢ interferón convencional: 5 millones UI/día o 10 millones UI 3 veces por semana (L-X-V) durante 4-6 meses si AgHBe (+) y durante 1 año si AgHBe(-).

➢ Dosis de interferón pegilado: alfa 2a (180 microgramos/semanal) y de interferón alfa 2b (100 microgramos/semana) en los AgHBe (+) durante 1 año mínimo o hasta conseguir la seroconversión a anti-HBe. Si ésta se produjese se mantendrá 6 meses más. En AgHBe (-) es indefinida.

➢ Si presencia de resistencia (aumento de carga viral > 1 log tras una respuesta previa): sustituir lamivudina por adefovir. Si es adefovir-resistente sustituir por lamivudina o Tenofovir.

➢ Cirrosis hepática: en la compensada puede utilizarse cualquiera de ellos. En la descompensada contraindicado el interferón (usar lamivudina + adefovir).

➢ Monitorización: control GPT, DNA-VHB, función renal si lamivudina o adefovir. Alto riesgo de resistencia: (DNA-VHB pretratamiento elevado, >1 año de tratamiento, varones. Si bajo riesgo de resistencia o enfermedad hepática leve: GPT +DNA-VHB cada 6 meses. Si alto riesgo de resistencia o enfermedad hepática evolucionada : GPT + DNA-VHB cada 3 meses.

➢ Respuesta al tratamiento: en los AgHBe (+) si seroconversión a anti-HBe (AgHBe-) + DNA-VHB < 10^5 . En los AgHBe(-) cuando DNA-VHB < 10^4.

➢ No respondedores: elevación DNA-VHB + elevación GPT, progresión histológica o descompensación de enfermedad hepática.

➢ Factores predictivos de buena respuesta: **niveles bajos de ADN-VHB, transaminasas elevadas,** sexo femenino, AgHBe (+), infección adquirida en edad adulta y reciente, enfermedad hepática compensada.

➢ *Efectos secundarios de interferón*:

* Si granulocitos < 750 reducir la dosis al 50% y si son < 500 se suspenderá.

* Si plaquetopenia < 50000 reducir la dosis al 50% y si son < 30000 se suspenderá.

➤ **Lamivudina:** dosis 100 mg/día y duración en principio indefinida hasta que aparezcan resistencias o se produzca la seroconversión del HBeAg (negativización del HBeAg y desarrollo de anti-HBe, que suele ser al año de 20%) en dos determinaciones consecutivas. A los 3 meses se ha negativizado del DNA viral casi en el 100% casos.

➤ Cuando aparezcan resistencias lo sustituiremos por Adefovir. Si aparecieran resistencias a este podemos asociar lamivudina de nuevo o solicitar Entecavir como uso compasivo.

➤ Los pacientes con cirrosis hepática descompensada por VHB se tratarán con lamivudina 100 mg/24 horas con buena tolerancia, no tolerando en la mayoría de los casos el interferón pegilado por sus efectos secundarios.

HEPATITIS CRÓNICA VIRUS HEPATITIS C

➤ Definición: GPT elevada durante más de 6 meses en paciente con anti-VHC (+).

➤ Se debe solicitar siempre que tenga anti-VHC (+), el RNA-VHC y la carga viral. También pedir el RNA-VHC en periodo ventana de infección aguda o inmunocomprometidos, aunque el anti-VHC sea negativo.

➤ Candidatos a tratamiento: hepatitis crónica VHC con elevación de GPT + anti-VHC (+) + RNA-VHC (+), sin contraindicaciones mayores, independientemente del grado de severidad histológica en la biopsia y edad del paciente (calidad de vida y expectativa).

➤ Infección crónica VHC + transaminasas normales: tratar sólo si desean tratarse, si son genotipo 2 o 3.

> Cirrosis hepática VHC: indicado en la compensada. Las descompensadas sólo cuando hay indicación de trasplante hepático.

> Coinfectados VIH-VHC: mejor respuesta al tratamiento anti-VHC cuando carga viral VIH es baja o indetectable o recuento CD4 >250 células/ml: tratar con interferón pegilado durante 48 semanas + Ribavirina 1000-1200 mg/día. Es preferible tratar antes la infección VIH que la del VHC, especialmente si el recuento CD4 < 300 células/ml). Contraindicada la asociación ribavirina + Didanosina (descompensación hepática o pancreatitis) o zidovudina (anemia). Mejor Efavirenz que nevirapina.

> Niños hepatitis crónica C: no tratar antes de 3 años de edad. Bien tolerados.

> Hepatitis aguda C: interferón pegilado en monoterapia durante 6 meses si RNA-VHC (+) a los 2 meses. Si presenta genotipo 2 o 3 + caída del RNA-VHC de 2 o más log podrán ser tratados durante sólo 3 meses.

> Los fracasos terapéuticos con interferón en monoterapia o con asociación de interferón convencional con ribavirina pueden ser tratados con interferón pegilado + Ribavirina.

> Biopsia hepática en hepatitis crónica VHC: no realizar en genotipos 2 o 3 ni en genotipos 1 o 4 a quienes ya cumplen criterios para tratar. Se realizará cuando se desee conocer el grado de fibrosis y pronóstico de enfermedad, en genotipos 1 o 4 con transaminasas bajas o normales, en pacientes en hemodiálisis con necesidad de doble trasplante por tener cirrosis hepática (biopsia transyugular + determinación del gradiente de presión suprahepático).

> Hepatitis crónica VHC genotipo 1 y 4: interferón pegilado alfa 2a (180 microgramos/semana) o alfa 2b (1,5 microgramos/Kg./semana) + Ribavirina (800-1400 mg/día: 10.5-15 mg/Kg./día) durante 48 semanas. Si carga viral basal (RNA-VHC < 600000 UI/ml) + RNA-VHC < 50 UI/ml a las 4 semanas de tratamiento (RVP): duración del tratamiento 6 meses. Si no se produce la

RVP alargar el tratamiento 72 semanas. En los genotipos 1 y 4 que hayan reducido la carga viral en > 2 log a los 3 meses, pero RNA-VHC no sea negativo, éste tendrá que ser ya negativo a los 6 meses para poder continuar el año de tratamiento.

➢ Hepatitis crónica VHC genotipo 2 o 3: interferón pegilado (alfa 2a 180 microgramos/semana) y (alfa 2b 1,5 microgramos/Kg./semana) + Ribavirina 800 mg/día durante 6 meses. Si RNA-VHC basal < 600000 UI/ml + RVP (RNA-VHC negativo al mes), la duración será de 3-4 meses.

➢ Eficacia del tratamiento: determinar RNA-VHC en 1º y 3º mes. Ausencia de respuesta si a los 3 meses de tratamiento no descenso de carga viral >2 log.

HEMOCROMATOSIS HEREDITARIA

Es una enfermedad por depósito de hierro, como consecuencia de una mutación del gen de la hemocromatosis (HFE), localizado en el brazo corto del cromosoma 6.
Se ha descrito 2 mutaciones del gen HFE: C282Y (90% casos homocigotos para esta mutación) y la H63D (5% heterocigoticos para ambas) y el 5% restante se localizan en otros genes.

Diagnóstico de hemocromatosis

➢ Artralgia o artritis, alteración del perfil hepático, hiperpigmentación, diabetes mellitus, disnea de esfuerzo, cardiomiopatia.
➢ Índice saturación de la transferrina= sideremia / transferrina * 100: (IST) > 45%, ferritina elevada.
➢ Test genético de mutaciones de hemocromatosis (+).
➢ Si IST >45 %, test genético HFE (+) y ferritina normal: evaluar al año.
➢ Si IST> 45%, test genético HFE (+) y ferritina > 300ng/ml + alteración del perfil hepático: iniciar flebotomías sin necesidad de biopsia hepática, salvo que

existan signos de hipertensión portal o cirrosis en la ecografía o analítica.

➢ Si ferritina > 1000 ng/ml: realizar biopsia hepática para descartar cirrosis hepática.

➢ Índice hepático de hierro (IHH) >1.9 en la hemocromatosis, mientras en la sobrecarga de hierro secundarias el IHH< 1.9 (generalmente < 1.5).

Tratamiento de hemocromatosis

➢ Flebotomías semanales de 500 ml hasta que la hemoglobina alcance 11 g/Dl., con controles cada 3 meses de la hemoglobina, ferritina e IST.

➢ Flebotomías cada 3 meses de media, intentando mantener el IST en un 50% y la ferritina en torno a 50 ng/ml.

➢ Desferrioxamina como quelante del hierro, se administra en infusión continua a una dosis de 20 a 50 mg/Kg./d durante 12 horas: indicada en pacientes con anemia o miocardiopatia que no toleran las flebotomías.

➢ Haremos el test genético de HFE en familiares de primer grado (padres, hermanos e hijos a partir de los 10 años).

ENFERMEDAD DE WILSON

Es una enfermedad por depósito de cobre de carácter autonómico recesivo localizado en el cromosoma 13. Debuta en infancia a partir de los 6-7 años hasta la adolescencia en forma de temblor intencional o de reposo, disartria, sialorrea, ataxia, anillo de Kayser-Fletcher, así como hepatopatía crónica.

Diagnostico del Wilson

➢ Ceruloplasmina < 20 mg/dl.

➢ Cupremia baja < 80 mg/dl.

➢ Excreción urinaria aumentada de cobre (>100 mg/Dl./24 horas).

➢ Concentración hepática de cobre > 250 mg/g.

Tratamiento del Wilson

D-penicilamina

Dosis inicial: 1-1.5 gramo al día + Piridoxina 25 mg/día, dividida en cuatro tomas, media hora antes de cada comida y antes de acostarse.

Conviene empezar con una dosis baja inicial de 250 mg/día para ir subiendo semanalmente hasta la dosis establecida para evitar deterioros neurológicos transitorios que pueden aparecer.

Hay veces que pueden sufrir reacciones alérgicas en forma de fiebre, adenopatías, lesiones cutáneas, por lo que tendremos que suspender la medicación y reintroducirla a dosis bajas de 250 mg/día + Prednisona 30 mg/día por la mañana e irla subiendo.

Si síntomas mejoran al año, bajar a una dosis de mantenimiento de por vida de 750 mg/día de D-penicilamina + Piridoxina 25 mg/día.

Al ser niños o jóvenes habrá que indicarles que no coman chocolate o frutos secos, pues son ricos en cobre.

Acetato/sulfato de zinc:

150 - 200 mg al día (en 3 tomas antes de las comidas). Reduce la absorción de cobre.

Screening en familiares:

➢ Menores de 40 años.

➢ Determinar bioquímica hepática y ceruloplasmina sérica, que si es < 20 mg/Dl. se deberán someter a una biopsia hepática.

TRASPLANTE HEPÁTICO

Indicaciones

➢ Cirrosis hepática tipo hepatocelular (hepatitis virales B y C, autoinmune, enólica cuando lleva al menos 6 meses en abstinencia y con confirmación de un psiquiatra, de origen criptogénico).

- Cirrosis biliar primaria, colangiopatía autoinmune, colangitis esclerosante, enfermedades congénitas de la vía biliar.

- Enfermedad de Wilson, Hemocromatosis, fallo hepático fulminante (viral, medicamentosa, síndrome de Reye, Wilson).

- Tumores hepáticos (hepatocarcinoma)

- Fibrosis quística, enfermedad poliquística.

Estadio de Child-Pugh

Albúmina:

> 3,5 g/Dl. (1 punto).
2,8 – 3,5 g/Dl. (2 puntos).
 < 2,8 g/Dl. (3 puntos).

Bilirrubina

< 2 mg/Dl. (1 punto)
2 – 3 mg/Dl. (2 puntos)
> 3 mg/dl (3 puntos)

Encefalopatía

NO (1 punto)
I – II (2 puntos)
III – IV (3 puntos)

Ascitis

NO (1 punto)
Leve – moderada (2 puntos)
A tensión (3 puntos)

Tiempo protrombina (>seg. del control)

1 – 4 segundos (1 punto)
5 – 6 segundos(2 puntos)
> 6 segundos (3 puntos).

Clasificación:

Estadio Child-Pugh A: A5 y A6.

Estadio Child-Pugh B: B7-B8-B9.

Estadio Child-Pugh C: C10-C15.

INDICACIÓN DE TRASPLANTE HEPÁTICO

➢ Estadio Child-Pugh B7 o mayor.

➢ Ascitis refractaria a tratamiento diuréticos.

➢ Antecedentes de PBE.

➢ Hipoalbuminemia < 2.8 g/dl.

➢ Síndrome hepatorrenal con filtrado glomerular < 50 ml/minuto.

➢ Hiponatremia < 133.

➢ Excrección urinaria < 10 mEq/día.

➢ Hipotensión arterial < 85 mm Hg.

➢ encefalopatía hepática aguda y episódica y crónica cuando lo invalida.

➢ HDA varices en estadio Child-Pugh C en todos los casos.

➢ Abstinencia enólica de 6 meses.

➢ Si es una cirrosis hepática biliar primaria: bilirrubina total > 6 mg/Dl., albúmina sérica < 2.5 mg/Dl., HDA variceal, Child-Pugh B o C, ascitis, prurito intratratable, enfermedad ósea grave.

➢ Hepatocarcinoma: tumor único menor 5 cm., multinodular de no más de 3 cm. (con diámetro del nódulo mayor < 3 cm.), ausencia extensión tumoral extrahepática, ausencia de infiltración tumoral de grandes vasos abdominales.

Contraindicaciones absolutas:

➢ Alcoholismo activo o abstinencia < 3 meses.

➢ Drogadicción activa.

➢ SIDA.

➢ Enfermedad cardiaca o pulmonar grave.

➢ Hepatocarcinoma > 5 cm. o > 3 nódulos o multicéntrico.

➢ Neoplasia extrahepática.

➢ Trombosis portal masiva.

➢ Enfermedad psiquiátrica grave.

➢ Sepsis.

Estudio pre-trasplante hepático

1. Antecedentes: HDA, PBE, ascitis, encefalopatía hepática, si tiene biopsia hepática, si descartado hepatocarcinoma y si lo tiene que características.

2. Analítica: hemograma, coagulación, bioquímica con albúmina, iones, proteinograma, perfil lipídico, perfil hepático, pancreático, elemental de orina, marcadores tumorales (alfafetoproteina, alfa1 antitripsina, ceruloplasmina, hierro, ferritina, Inmunoglobulinas, autoanticuerpos, perfil proteico-nutricional, hormonas tiroideas. Serologia VHA, VHB, VHC, lúes, salmonella, toxoplasma, citomegalovirus, virus de Ebstein-Barr, Virus herpes simple y varicela zoster, VIH, virus delta.

3. Radiografía de tórax, abdomen, ecografía-doppler abdomen, endoscopia oral.

4. Vacunaciones: VHB, VHA, gripe, neumocócica, varicela.

5. ECG, ecocardiograma.

6.gasometría arterial, espirometría.

7.Hoja de consulta a Psiquiatría.

8.Hoja de consulta a Nutrición.

9.Hoja de consulta de Cirugía Maxilofacial si caries.

Tratamiento de la osteodistrofia en paciente cirrótico

1. 25-hidroxi-colecalciferol: 266 microgramos cada una o dos semanas.
2. Gluconato cálcico: 3 g. por día.

Tratamiento y profilaxis de la osteoporosis:

1. Como profilaxis: Etidronato 400 mg. por día durante dos semanas en periodos de 3 meses durante 2 años o Alendronato.

2. Si se producen fracturas: reposo y analgesia.

Modelo Clínica Mayo: MELD (model for end-stage liver disease):

Resulta de la siguiente fórmula: 3.8 * logaritmo de la bilirrubina en mgr/Dl. + 11.2 * logaritmo del INR + 9.6* logaritmo de la creatinina en mg/Dl. + 6.4 * etiología, dándosele 0 puntos si existe enfermedad colostásica o alcohólica, y 1 punto si tiene otra etiología.

*C**ARÁCTER PREFERENTE:***

• **Insuficiencia hepatocelular** con probabilidad de muerte en 3 meses > 15% (puntuación MELD de 24 puntos o más).

• **Hepatocarcinoma:**
- Los pacientes con un tumor único < 2 cm. serán incluidos en lista preferente común con una puntuación equivalente a un riesgo de mortalidad
del 15% (24 puntos).

- Los pacientes con un tumor > 2 cm. o varios nódulos (< 3 cm.) serán incluidos con una puntuación equivalente a un riesgo de mortalidad
del 30% (29 puntos).
- Hemorragia varicosa recurrente y grave.
- Síndrome hepatopulmonar.
- Ascitis refractaria.
- Hidrotórax grave.
- Polineuropatía amiloidótica familiar.

CAPÍTULO 17

DIAGNOSTICO Y TRATAMIENTO DE LA ASCITIS y PERITONITIS BACTERIANA ESPONTÁNEA

Fernando M. Jiménez Macías

Definición

Acúmulo de líquido ascítico en la cavidad peritoneal. Puede ser debido a hipertensión portal como ocurre en los cirróticos, pero también puede producirse como consecuencia de otras etiologías: ascitis cardial (insuficiencia cardiaca derecha con venas suprahepáticas dilatada en la ecografía), carcinomatosis peritoneal, ascitis quilosa, ascitis pancreática, etc.

Diagnostico

En los pacientes cirrótico siempre que ingresen se les debe realizar una paracentesis diagnóstica, incluso cuando vengan al hospital de día para realizarse una paracentesis evacuadota en caso de ascitis refractaria a diuréticos.

En caso de tener que realizar una paracentesis evacuadora deberemos asegurarnos que las plaquetas y coagulación están normales. Si no es así tendremos que poner plaquetas (7 unidades de plaquetas para una persona de 70 Kg.) y plasma fresco (700 cc de plasma, si la persona pesa ese mismo peso), dado que el trocar empleado es más grueso.

En ocasiones podemos encontrarnos pacientes con un gran panículo graso de la pared abdominal muy grueso o que por su intenso edema, la aguja estándar para la paracentesis evacuadora no accede a la cavidad peritoneal para así proceder a la evacuación del liquido ascítico. En ese caso cortaremos la aguja del sistema de paracentesis habitual e insertaremos en su lugar una aguja de punción lumbar de 20-22 G. El inconveniente es que el flujo y velocidad de evacuación es muy lenta, por lo que podríamos previa aplicación de anestésico sin vasoconstrictor colocar dos agujas de paracentesis evacuadora de 22 G con dos sistemas de evacuación a la vez.

La reposición de albúmina necesaria son 8 gramos de seroalbúmina al 20 % por litro de evacuación. Cada bote de seroalbúmina al 20% cuenta con 10 gramos, de tal forma, que si hemos sacado 7 litros, tendremos que poner 56 gramos de seroalbúmina al 20%.Tendremos que poner 5 envases y medio de 50 cc o 2 botes y medio de los de 100 cc., generalmente en perfusión continua si el paciente tiene varices esofágicas o

157

desconocemos si las tiene, a pasar en 7 horas y en 2-3 horas si el paciente carece de ellas.

Toda paracentesis diagnostica tiene que tener: celularidad, pH, recuento de polimorfonucleares neutrófilos en %, para calcular en número absoluto, eritrocitos

Tratamiento de la descompensación hidrópica o ascitis

1. Si el paciente no estaba tomando diuréticos, podemos iniciar una dieta sin sal durante 4-5 días y determinar los iones en orina de 24 horas, así como una bioquímica renal e hidroelectrolítica basal que compararemos con la correspondiente de control cuando hayamos empezado con el tratamiento diurético.

2. Si el paciente ya estaba tomando diuréticos recogeremos la diuresis de 24 horas, así como la excrección urinaria de sodio en 24 horas.

3. Preguntaremos si la retricción de sodio está siendo adecuada tanto al paciente como a su familiar. Si no es así insistiremos en este aspecto.

4. Indicaremos al paciente que tienda a estar más en decúbito supino más tiempo que en bipedestación con intención que el tratamiento sea más eficaz.

5. Es fundamental valorar la presencia de edemas maleolares o en miembros inferiores. Si el paciente tiene edemas podremos emplear diuréticos con menor riesgo de que el riñón fracase. Sin embargo, en pacientes sin edemas maleolares con escasa diuresis basal, es más probable que al aumentar la dosis de diuréticos se deteriore la función renal.

Clasificación de ascitis

Ascitis grado 3

➢ Cantidad de líquido ascítico entre 6-15 litros.

➢ Paracentesis total en una única sesión.

➢ Reposición de albúmina (8 gramos por litro evacuado).

- ➢ Dieta hiposódica.

- ➢ Furosemida 40 mg/24 horas + Espironolactona 100 mg/24 horas. Se irá subiendo la dosis en función del nivel de diuresis en 24 horas, niveles de creatinina y peso a Furosemida 80 mg/24 horas y Espironolactona 200 mg/24 horas, dando la medicación por la mañana.

Ascitis grado 2

- ➢ Volumen posible de líquido ascítico: 3-6 litros.

- ➢ Buenos resultados con diuréticos. Evitar si se puede la paracentesis evacuadora.

- ➢ Comenzamos con la mínima dosis de diuréticos: 40 mg de furosemida + 100 mg de Espironolactona. Se incrementará la furosemida de 40 mg en 40 mg y la espironolactona de 100 mg en 100 mg (dosis máxima de 160 mg de furosemida y 400 mg de espironolactona), controlando que la función renal no se deteriore con controles analíticos cada 3 días. Si los edemas son hasta tobillos se intentará perder 300 gramos de peso diario y si el edema es hasta raíz de miembros 500-700 gramos diarios de peso.

Ascitis grado 1:

- ➢ Escasa cantidad de líquido ascítico.

- ➢ Dieta hiposódica + Espironolactona 100 mg/24 horas.

- ➢ Una vez resuelta la ascitis, mantener dieta, suspendiendo el diurético si es posible.

Ascitis intratatable por diuréticos

- ➢ Encefalopatía hepática en ausencia de otro factor precipitante.

- ➢ Insuficiencia renal inducida por diuréticos definida como un aumento de la creatinina plasmática > 2 mg/dl.

- ➢ Hiponatremia inducida por diuréticos (sodio < 125mEq/l).

> Hiper o hipokalemia inducidas por diuréticos:> 6 mEq/l o < 3 mEq/l a pesar de efectuar medidas terapéuticas para normalizar la concentración plasmática de potasio.

Tratamiento de PBE

> Retricción de sal.
> Abstinencia de alcohol.
> Si el recuento de PMN en líquido ascítico es >250, el paciente tendrá una peritonitis bacteriana espontánea.
> Cefotaxima (Primafen) 2 gramos cada 8 horas intravenosa.
> También serán tratados con esta pauta antibiótica aquellos pacientes cirróticos con ascitis y un recuento celular < 250 de PMN, si fiebre de origen desconocido y dolor abdominal, mientras viene el resultado del hemocultivo.
> Ofloxacino 400 mg oral cada 12 horas puede sustituir a la Cefotaxima intravenosa, siempre que el paciente no vomite, se encuentre en situación de shock. Séptico, no tenga encefalopatía grado II-IV, o la cifra de creatinina > 3 mg/dl.
> Se deberá asociar seroalbúmina al 20% a dosis de 1.5 gramo /Kg. de peso en las primeras 6 horas del diagnostico y 0,5 gramos/Kg. al 3° día, siendo con perfusión continua si el paciente tiene varices esofágicas grado III-IV.
> En pacientes con cirrosis hepática y hemorragia digestiva se deberá dar Norfloxacino 400 mg/12 horas oral durante 7 días y en el periodo de sangrado activo, ciprofloxacino 200 mg/iv/12 horas durante 1 semana.
> Los pacientes cirróticos que hayan sobrevivido a una peritonitis bacteriana espontánea (PBE) recibirán Norfloxacino 400 mg/24 horas indefinidamente.
> Los pacientes con cirrosis hepática con ascitis sin hemorragia digestiva, que presenten un nivel de proteínas en líquido ascítico menor o igual a 1 gramo/Dl. o una bilirrubina sérica > 2.5 mg/Dl. se les tratará con Norfloxacino 400 mg/24 horas.

CAPÍTULO 18

DIAGNÓSTICO Y TRATAMIENTO

DEL

HEPATOCARCINOMA

Fernando M. Jiménez Macías

Definición

Tumoración primaria de hígado de características malignas.

Grupo de riesgo

- Cirrosis hepática del tipo que sea.
- Hepatitis crónica por VHB y VHC.
- Hepatopatía crónica enólica.
- Hemocromatosis.
- Porfiria.
- Déficit alfa 1 antitripsina.
- Edad > 55 años.
- Sexo masculino.
- Tasa de protrombina < 75 %.
- Plaquetopenia < 75000/mm3.

Protocolo de vigilancia
- Ecografía abdomen + alfafetoproteina cada 6 meses en pacientes menores de 70 años en estadio Child-Pugh A o B o candidatos a trasplante hepático.
- No se debe cribar a pacientes con hepatocarcinoma en estadio Child-Pugh C.
- El cribado ecográfico recomendado son de 6 meses (sensibilidad y especificidad respectivamente 80% y 90%).
- Mayor riesgo en varones y a partir de los 50 años y elevación alfafetoproteina.
- La alfafetoproteina se ha sacado de los programas de screening dado que puede tener falsos negativos y positivos.
- Patrón vascular característico en pruebas de imagen con contraste (intensa captación de contraste en fase arterial acompañado con lavado precoz en fase venosa) + nódulo > 2 cm. de diámetro en el seno de un hígado cirrótico es diagnostico de hepatocarcinoma, sin necesidad de confirmación histológica.

> Para nódulos < 1cm sólidos se recomienda ecografía abdomen cada 3-4 meses hasta desaparición del mismo o diámetro de 1 cm.
> Nódulos >1 cm. y < o iguales a 2 cm. se requieren 2 técnicas (habitualmente TAC con contraste iv y resonancia magnética hepática) con patrón vascular característico. Si el patrón no es característico independientemente de su tamaño valorar PAAF.
> Si es > 2 cm. con una técnica puede ser suficiente.

Tratamiento del hepatocarcinoma

Depende de 3 aspectos: estadio tumoral, función hepática y estado general del paciente.

Resección quirúrgica:

Si la bilirrubina es normal y gradiente presión en vena suprahepática (GPVS) < 10 mm Hg. si se trata de un tumor único con diámetro < o igual a 5 cm. o máximo 3 nódulos < 3 cm. y no exista infiltración vascular o a distancia.
No afectación de la vena porta.

> *Trasplante hepático o radiofrecuencia*
Si la función hepática estuviera defectuosa o GPVS > o igual a 10 mm Hg. se realizaría trasplante hepático o tratamiento percutáneo.

> *Quimioembolización arterial:* Si la lesión se excede en número o tamaño, sin infiltración vascular o diseminación extrahepática.

> *Alcoholización:*

• Pacientes con alto riesgo quirúrgico con 3 o menos lesiones entre 3-5 cm. de diámetro.
• Lesiones únicas < 5 cm. no resecables.

163

Performance status

0   Asintomático.
1   Sintomático. Realiza trabajo normal.
2   Incapaz de trabajar. Encamado < 50 % del día.
3   Encamado > 50 % del día. Requiere asistencia médica.
4   Incapacidad grave. Encamado siempre.

Clasificación de Okuda

Okuda I: ningún signo positivo.

Okuda II: 1-2 signos positivos.

Okuda III: 3-4 signos positivos.

* Medida tumoral: > 50 % volumen hepático (+)
* Albúmina < 30 g/l (+).
* Bilirrubina > 3 mg/Dl. (+).
* Ascitis (sí) (+)

Clasificación de estadio según Barcelona Clinic Liver Cancer

Estadio A: CHC precoz: candidatos a tratamientos con intención curativa: resección quirúrgica, trasplante hepático y ablación percutánea (supervivencia a los 5 años 50-70%)

Performance status 0
Único tumoración < 2 cm.
Estadio Okuda I.
No hipertensión portal: ausencia de varices, esplenomegalia, plaquetas < 100000 y GPVH >10.

> Si el tumor es único + diámetro < 2 cm. o es un carcinoma in situ + bilirrubina y presión portal son normales: **Resección quirúrgica.**

> Si el tumor es único + diámetro < 2 cm. + bilirrubina total o presión portal elevadas: valorar enfermedades asociadas y si existen contraindicaciones para trasplante hepático: **Trasplante hepático o alcoholización percutánea** (necrosis tumoral en 80% de los tumores < 3 cm. y supervivencia similar a la obtenida por cirugía) **o termocoagulación por radiofrecuencia** (más eficaz para tumores > 3 cm.).

> Si el paciente presenta el **estadio temprano A: 3 nódulos iguales o < 3 cm.,** si no hay enfermedades asociadas o contraindicaciones para el trasplante hepático: **Trasplante hepático.** Si existen enfermedades asociadas o contraindicación del TOH: **alcoholización percutánea o termocoagulación por radiofrecuencia.**

Estadio muy temprano 0
Estadio A1: bilirrubina normal.
Estadio A2: si hipertensión portal. Bilirrubina normal.
Estadio A3: Hipertensión portal y bilirrubina aumentada.

Estadio temprano A
Estadio A4: 3 tumores < o igual a 3 cm., estadio Okuda I-II y Child-Pugh A-B y PS 0-2.

Estadio B: CHC intermedio:
Quimioembolización transarterial. Supervivencia 50% a los 3 años.

Performance status 0
Grande multinodular.
Okuda I-II.
Child-Pugh A-B

Estadio C: CHC avanzado:supervivencia a los 3 años 10 %. No tratamiento específico.

Performance status 1-2.

Invasión vascular (portal) o extensión extrahepática (N1, M1).
Okuda I-II.
Child-Pugh A-B.

*Estadio D : CHC terminal: supervivencia < 6 meses.Tratamiento
sintomático (30%)*

Performance status 3-4.
Estadio tumor cualquiera.
Okuda III.
Child-Pugh C
Tratamiento sintomático

CAPÍTULO 18

PACIENTES ANTICOAGULADOS Y ANTIAGREGADOS QUE DEBEN SOMETIDOS A TERAPEÚTICA ENDOSCÓPICA.

Fernando M. Jiménez Macías

Riesgo tromboembólico bajo

. Fibrilación auricular sin valvulopatía o sin antecedentes de accidente vascular cerebral.
. Fibrilación auricular con < 2 factores de riesgo embólico (*).
. Valvulopatía mitral en ritmo sinusal con aurícula izquierda> 5-5.5 cm.
. Miocardiopatía dilatada en ritmo sinusal.
. Trombosis venosa profunda de más de un mes de evolución.
. Válvulas biológicas.
. Estenosis carotídea.
. Embolismos arteriales periféricos.
. IAM extenso reciente.

Riesgo tromboembólico alto

.Síndrome antifosfolípido y otros estados de hipercoagulabilidad.
. Válvulas cardíacas mecánicas.
. Trombosis venosa profunda en el primer mes de tratamiento.
. Valvulopatía mitral en FA o AVC.
. Fibrilación auricular con embolia previa.
. Fibrilación auricular con >= 2 factores de riesgo embólico.

Factores de riesgo embólico
- Edad avanzada
- Hipertensión arterial
- Diabetes mellitus
- Cardiopatía estructural
- Disfunción ventricular
- Aurícula izquierda dilatada.

Pauta de sustitución de Sintrom por heparina de bajo peso molecular

Día – 4	Última dosis de Sintrom a la hora habitual. Si toma Aldocumar eso lo hará el día – 6.
Día – 3	No toma Sintrom.
Día – 2	No toma Sintrom. Si colonoscopia inicia dieta baja en residuos.
Día – 1	No toma Sintrom. Comienza a tomar el preparado laxante, según se indica en la hoja de citación si se trata de una colonoscopia. Clexane a dosis de 40 mg a las 21 horas.
Día exploración	No toma Sintrom.
Día + 1 hasta +4	No toma Sintrom. Inicia Clexane a dosis de 40 mg a las 21 horas.
Día + 5 hasta + 8	Reinicio de Sintrom con la misma pauta que tomaba previamente. Sigue con Clexane.
Día + 9	Realizar un control de coagulación. Si el INR es >= 1.8 se suspende el Clexane y se mantiene la pauta de anticoagulante oral según Hematología. Si el INR es < 1.8, continuará con el Clexane hasta entonces.
Días sucesivos	Retirada del Clexane cuando se alcance el margen terapéutico y se continúa con el Sintrom.

Tiempo de latencia de los antiinflamatorios y antiagregantes

Clopidogrel	7 días
Ticlopidina	10 días
AAS > 300 mg	7 días
AAS < 300 mg	7 días
Piroxicam, Tenoxicam	7 días
Lormoxicam	2 días
Indometacina	3 días
Ketorolaco	2 días
Naproxeno	2 días
Ibuprofeno	1 día
Diclofenaco	1 día
Paracetamol	< 24 horas
Metamizol	< 24 horas

REFERENCIAS BIBLIOGRÁFICAS

1. Conductas de actuación en la enfermedad inflamatoria crónica intestinal (3ª Ed.). Joaquín Hinojosa del Val y Pilar Nos Mateu. Edición Adalia Farma.
2. Medicina de Urgencias: Guía terapeútica. L. Jiménez Murillo y F.J. Montero Pérez. Ediciones Harcourt.2002.
3. Manual del médico de guardia (4ª Ed.). J.C. García-Moncó. Ediciones Díaz de Santos.1998.
4. Bruguera M, Bañares R, Córdoba J et al. Documento de Concenso de la AEEH sobre el tratamiento de las infecciones por los virus de la hepatitis B y C. Gastroenterologia y Hepatología 2006;29:216-230.
5. Forner et al. Hepatocarcinoma y virus hepatitis C. Gastroenterologia y hepatología 2006; 29: 196-199.
6. Tratamiento de las enfermedades hepáticas. Editor: Miguel Bruguera Cortada y Gonzalo Miño et al (2º Ed.). Asociación Española para el estudio del hígado.
7. Tratamiento de las enfermedades gastroenterológicas. Editor: Julio Ponce García (2ª Ed.). Asociación Española de Gastroenterología.
8. Enfermedades gastrointestinales y hepáticas. Fisiopatología, diagnóstico y tratamiento. Sleisenger and Fordtrand (7ª Ed.). Editorial médica Panamericana.

www.ingramcontent.com/pod-product-compliance
Lightning Source LLC
Chambersburg PA
CBHW032016170526
45157CB00002B/725